新一代人工智能2030——机器人科普系列丛书

机器人

加工与测量

（小学五年级）

西南交通大学出版社
·成 都·

图书在版编目（CIP）数据

机器人. 加工与测量：小学五年级 / 马书根主编
. —成都：西南交通大学出版社，2020.8
（新一代人工智能 2030：机器人科普系列丛书）
ISBN 978-7-5643-7500-3

Ⅰ. ①机… Ⅱ. ①马… Ⅲ. ①机器人－少儿读物
Ⅳ. ①TP242-49

中国版本图书馆 CIP 数据核字（2020）第 123453 号

新一代人工智能 2030——机器人科普系列丛书
Jiqiren—Jiagong yu Celiang Xiaoxue Wu Nianji
机器人——加工与测量（小学五年级）

马书根 / 主　编　　责任编辑 / 李　伟
封面设计 / 原谋书装

西南交通大学出版社出版发行
（四川省成都市金牛区二环路北一段 111 号西南交通大学创新大厦 21 楼　610031）
发行部电话：028-87600564　028-87600533
网址：http://www.xnjdcbs.com
印刷：四川煤田地质制图印刷厂

成品尺寸　185 mm × 260 mm
印张　7　字数　97 千
版次　2020 年 8 月第 1 版　　印次　2020 年 8 月第 1 次

书号　ISBN 978-7-5643-7500-3
定价　36.00 元

编委会

“人才”是科技的第一原动力。人才潜力的激发，是创造新事物的催化剂。随着信息智能化的不断发展，智能机器人逐步进入人们的视野，也编织着人们对未来世界的梦想。

本书是一本介绍生活中常用加工工具的教材，结合生活中随处可见的事物，使学生认识常用加工工具并了解相关知识。

本书共分为18课，利用情景式引入法，将生活中各种使用工具的场景展现给学生，在此过程中，讲授工具的使用方式，并利用工具做出各种小制作，寓教于乐，学以致用。本书通过加工工具的介绍和使用，使学生牢固树立劳动最光荣的思想观念，通过“拓展小知识”扩展学生的眼界，努力做到由简到繁、深入浅出，使孩子们在快乐中感受加工课程的魅力；同时，培养学生发现问题、搜索答案、思考应用、分析组成、设计创造的能力，并利用课程评价，让学生对自己在本课程中学到的知识进行总结。

本书特别重视学生在日常生活实践中获取常用加工工具的相关知识。通过对本书的不断学习和探索，学生将会逐步进入一个神奇的加工与测量的世界。学生一旦对常用加工工具有所了解，在今后的学习和生活中便会有更深刻的理解和更大的收获，并为自身的发展打下良好的基础，成为未来科技领域的栋梁，也能为社会及科技的发展做出不可估量的贡献。

接下来，孩子们将会跟随小新和小禾的脚步，一起去探索机器人的奥秘，步入奇妙的科技殿堂。

同学们，很高兴和大家又见面了，我是小新！

同学们还记得我吗？我是小禾，这个学期，我将和小新一起带领大家继续探索机器人的世界。

目录

01 常用工具介绍

发现·Discover 问题·Problem

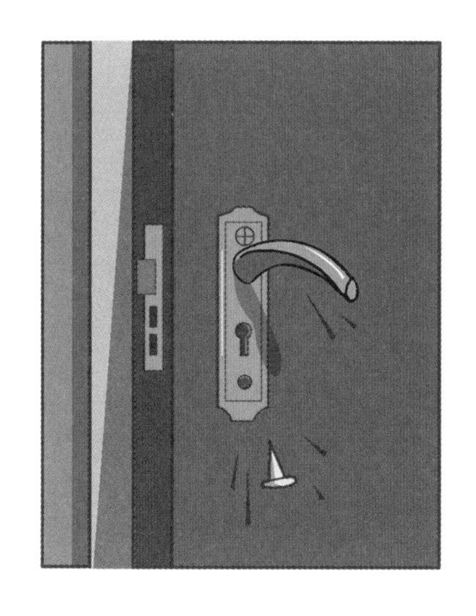

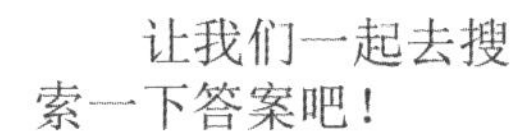

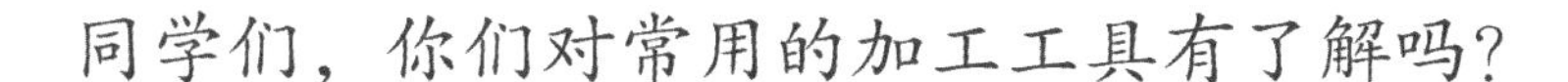

同学们，你们对常用的加工工具有了解吗？

搜索·Search 答案·Answer

定义

螺丝刀：一种用来拧转螺钉以迫使其就位的工具，通常有一个薄楔形头部，可插入螺丝钉头的槽缝或凹口内，也称“改锥”。

扳手：一种旋紧或拧松有角螺钉或螺母的工具。

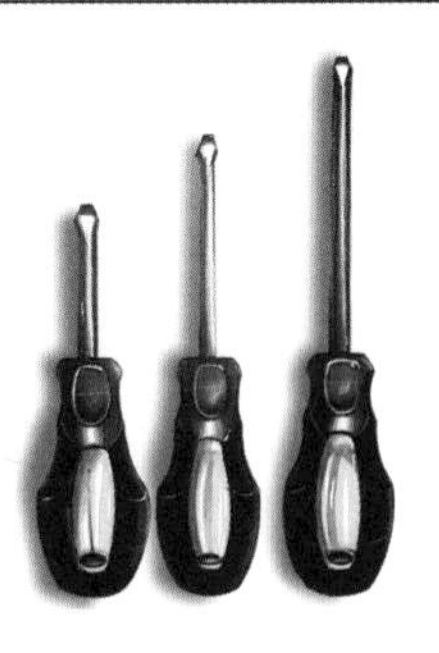

螺丝刀

扳手

螺丝刀的种类

螺丝刀按不同的头形可以分为一字、十字、米字、星形、方头、六角头、Y形螺丝刀等。其中一字和十字螺丝刀是生活中最常用的螺丝刀。在安装、维修时都要用到螺丝刀，可以说只要有螺丝的地方就要用到螺丝刀。

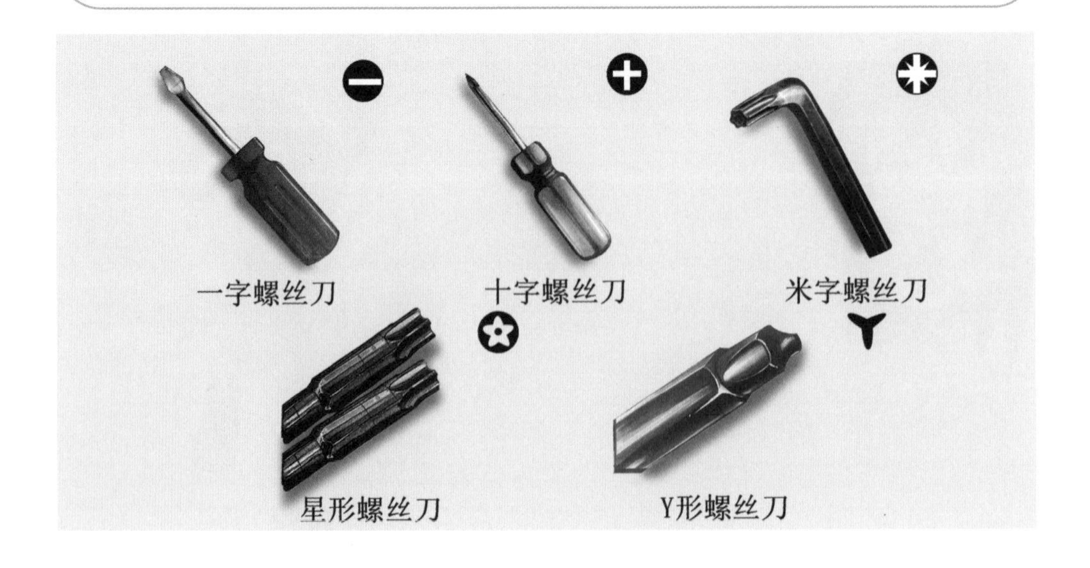

扳手的种类

扳手依据其工作端的样式，主要分为单头呆扳手、双头呆扳手、活扳手、梅花扳手、棘轮扳手、内六角扳手等。

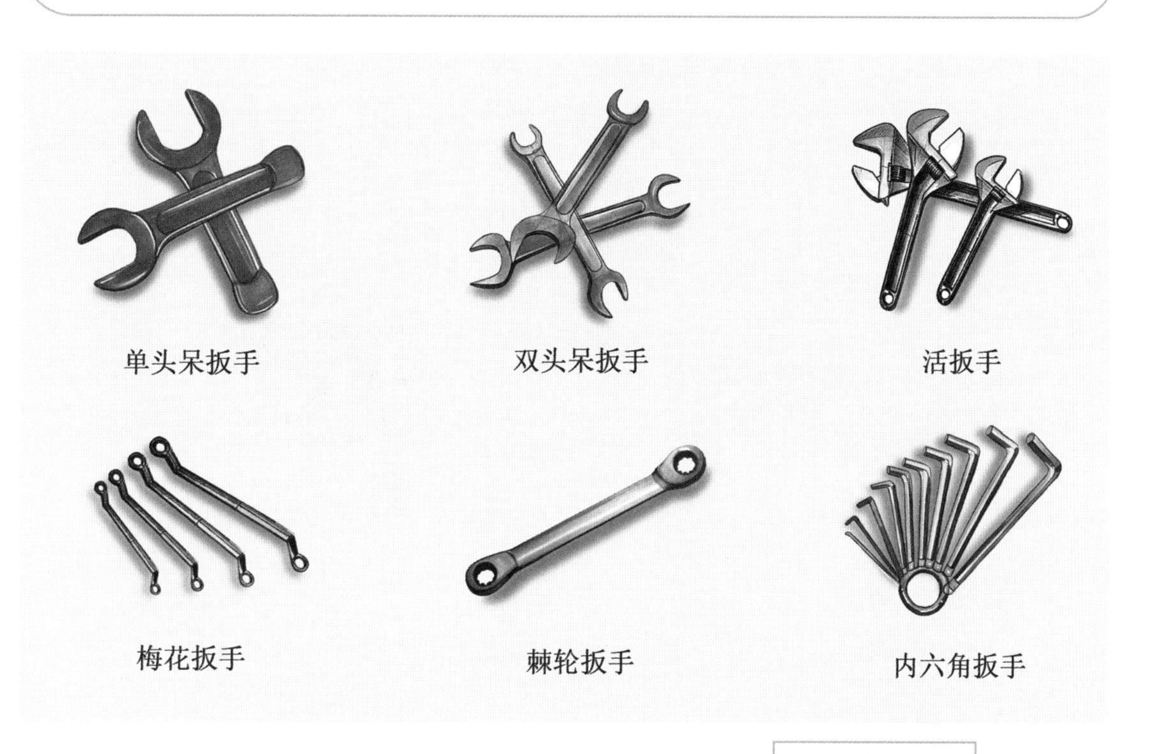

工作原理

用螺丝刀来拧螺丝钉时，利用了轮轴的工作原理。轮径越大时越省力，所以使用粗把的螺丝刀比使用细把的螺丝刀拧螺丝更省力。

扳手是利用杠杆原理拧转螺栓、螺钉、螺母和其他螺纹紧持螺栓的开口或套孔固件的手工工具。

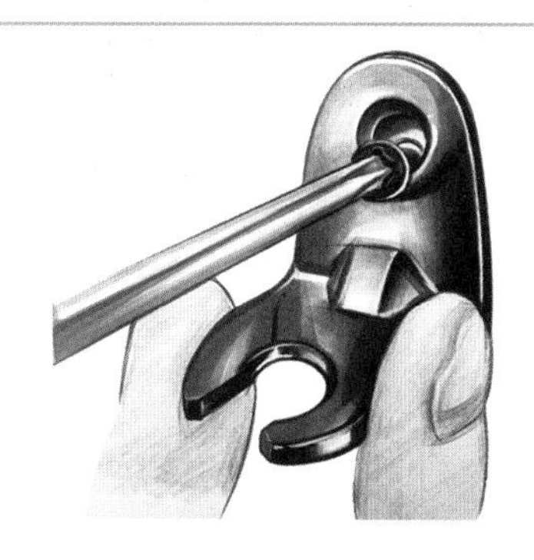

杠杆原理

在力学中，典型的杠杆是置放连接在一个支撑点上的硬棒，该硬棒可以绕着支撑点旋转。杠杆是一种简单机械。轮轴相当于以轴心为支点，半径为杆的杠杆系统。

使用扳手时，为了省力，扳手握把到支点的距离长于螺母到支点的距离。

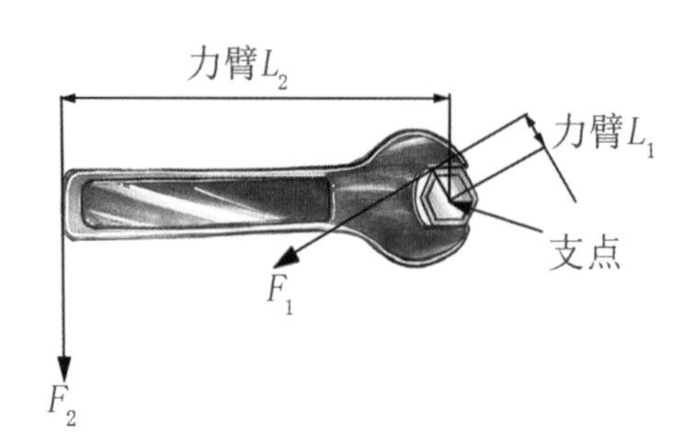

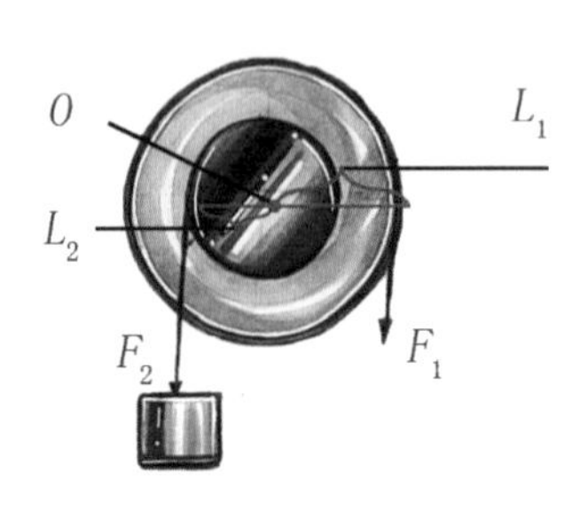

$$F_1 \times L_1 = F_2 \times L_2$$

思考·Consider 应用·Application

同学们，请想一想，在我们日常生活中，什么时候会用到加工工具呢？

修理厨柜

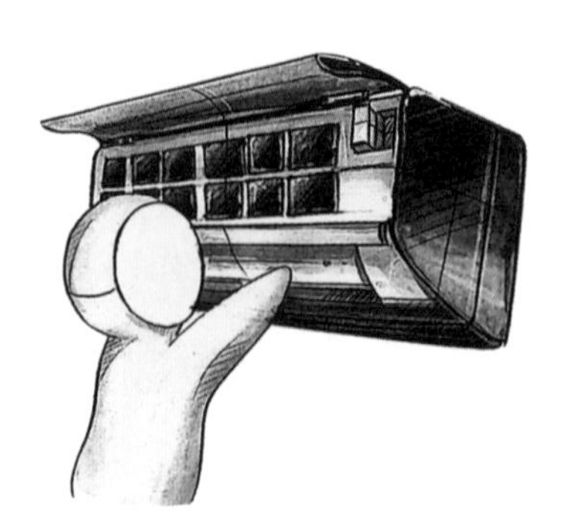

安装空调

分析 · Analyze 组成 · Components

同学们，请分析一下，手机支架主要是由哪些部分组成的呢？

设计 · Design 创造 · Creation

同学们，请先绘制出手机支架的步骤分解图，然后将它拼装起来吧！

拓展·Expansion 提高·Improve

同学们，请开拓你们的思维，找一找身边还有哪些工具是运用了杠杆或轮轴原理进行工作的，请将它们写下来吧！

自我评价 Self-evaluation

认识：

收获：

02 测量工具

发现·Discover 问题·Problem

小禾，你看，我想把这些玩具堆在角落里，可是它们总是往下掉。

那我们买个柜子，把玩具放在里面吧。

可是我们不知道买多大的啊？

没关系，我们可以使用卷尺进行测量。

同学们，你们知道测量工具都包括什么吗？

搜索·Search 答案·Answer

定义

测量工具：测量某个性质（包括长度、角度等）的工具。

直尺：也称作刻度尺，具有精确的直线棱边，可以用来测量长度和作图。

卷尺：日常生活中常用来测量长度的工量具，也可称作“盒尺”①。

游标卡尺：一种测量长度、内外径、深度的量具，它由主尺和附在主尺上能滑动的游标两部分构成。

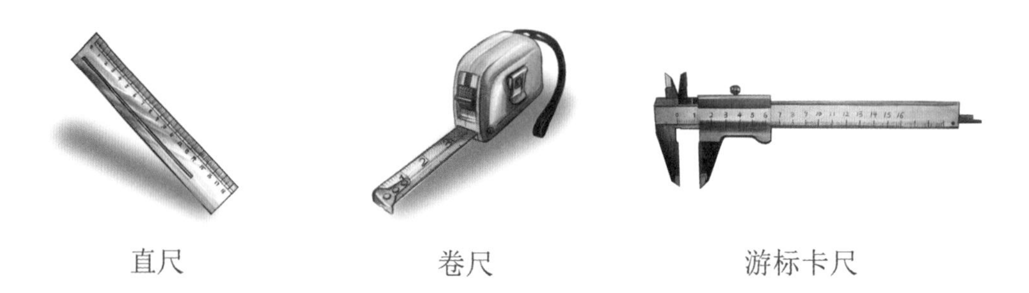

直尺　　卷尺　　游标卡尺

直尺、卷尺

直尺和卷尺是生活中常见的尺子。它们的读数方法也非常简单，从“0”开始，到被测量物的末端，并且要估读到最小刻度值的后一位，读数值即为被测量物的长度。

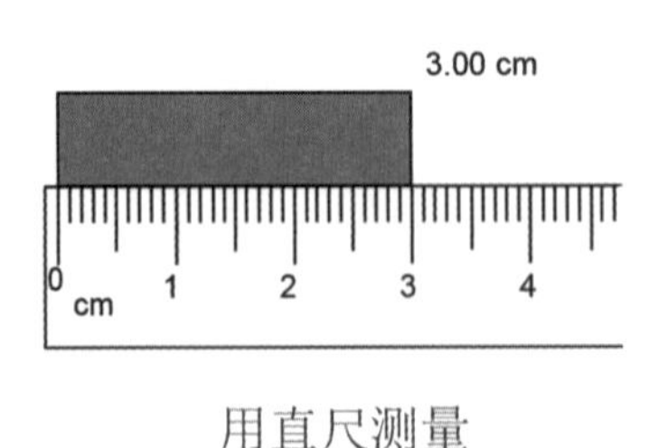

用直尺测量

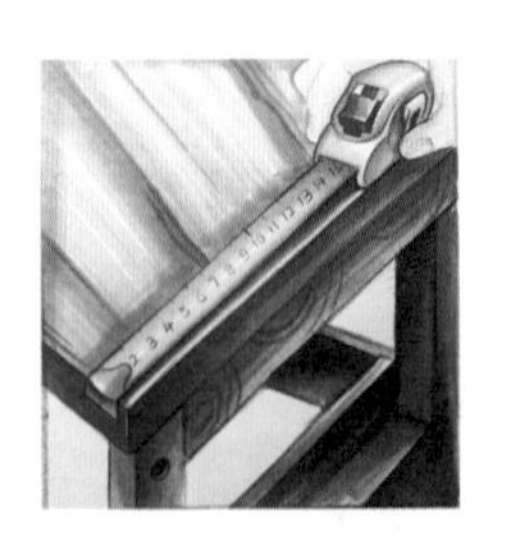

用卷尺测量

① 盒尺的盒身上有一个按钮，它主要用来在测量的时候保持尺身的稳定。注意：使用盒尺时要注意安全，避免尺身划伤手指。

游标卡尺的结构

游标卡尺由尺身、内测量爪、外测量爪、游标尺、紧固螺钉、主尺、深度尺构成。

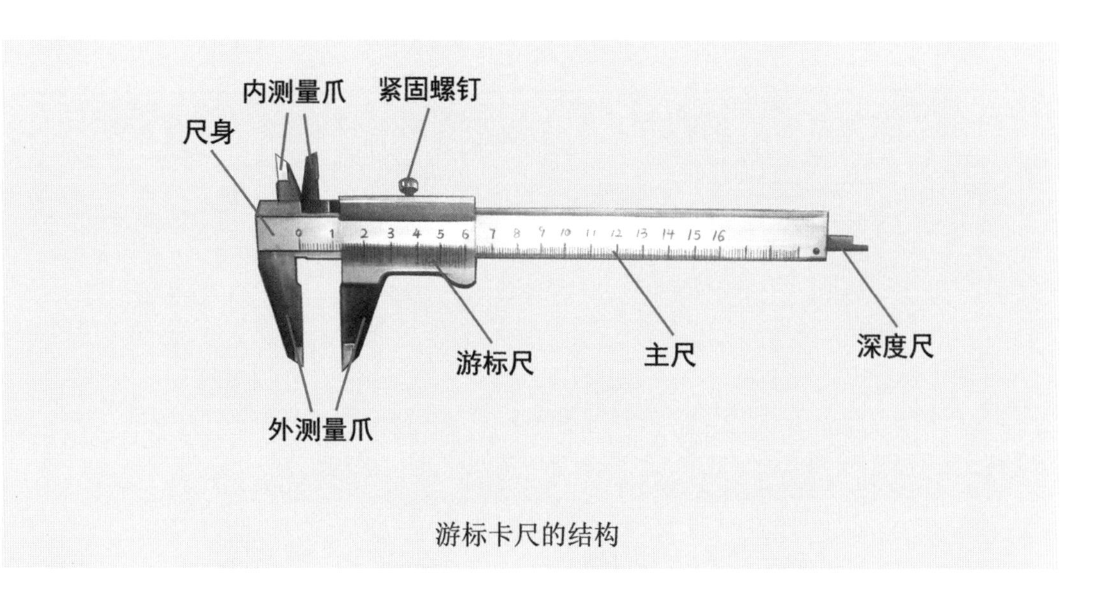

游标卡尺的结构

游标卡尺的测量原理

游标卡尺是利用主尺刻度与游标尺刻度间的差值实现测量读数的。十分度游标卡尺游标总长9 mm，有10个等分刻度，每一分度为0.9 mm，与主尺最小刻度相差0.1 mm，量爪并拢时主尺和游标的零刻度线对齐，游标的第十条刻度线与主尺的9 mm刻度线对齐。如测量物体为0.1 mm，游标向右移动0.1 mm，游标的第一条刻度线恰好与主尺1 mm刻度线对齐。

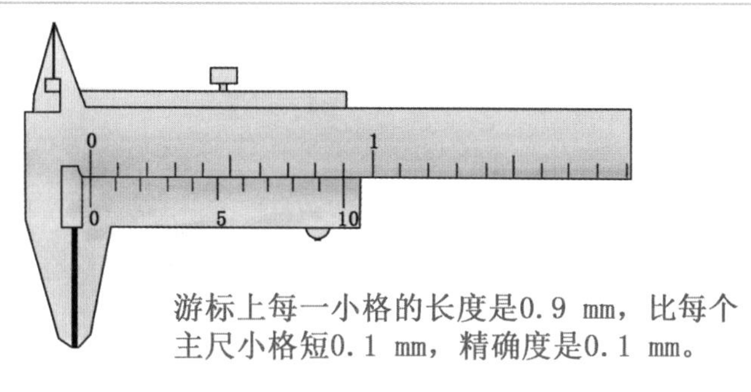

十分度游标卡尺的测量原理

游标卡尺使用注意事项

（1）使用前，检查卡尺量爪和被测工件表面是否有灰尘和油污，以免划伤量爪面和影响测量精度，同时检查各部件的功能，如尺框和微动装置移动是否灵活，紧固螺钉是否起作用。

（2）校对“0”刻度，推动尺框，使外测量爪两侧紧密接触后，观察游标尺与主尺的“0”刻度线是否对齐。

（3）在读数时，视线与尺身上所读的刻线垂直，以免由于视线的歪斜而引起读数误差。

（4）使用完毕之后，应将游标卡尺放在专用盒内，以免游标卡尺脏污或生锈。

游标卡尺读数

（1）游标卡尺读数分为两部分，主尺读数和游标尺读数。主尺读数与直尺相似，读到游标尺“0”刻度整数位，单位转换为mm。

（2）在游标尺与主尺刻度线重合的位置，读出格数，然后格数×0.1 mm（十分度游标卡尺）即为游标尺读数。

（3）测量值等于主尺读数加游标尺读数。

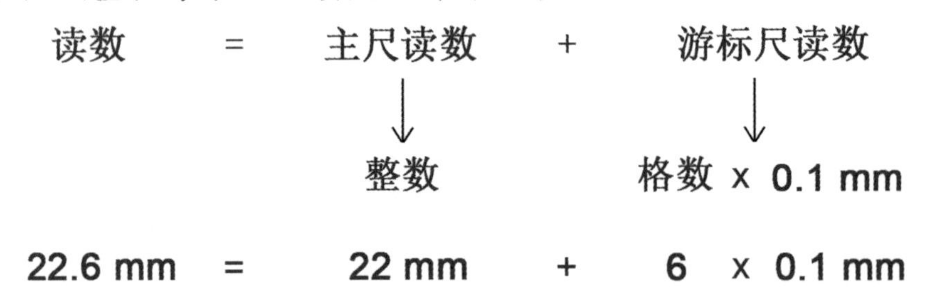

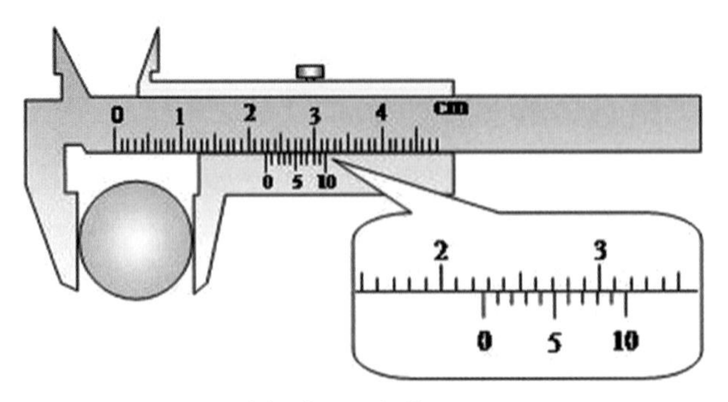

游标卡尺读数

思考 · Consider
应用 · Application

同学们，请想一想，在我们日常生活中，什么时候会用到测量工具呢？

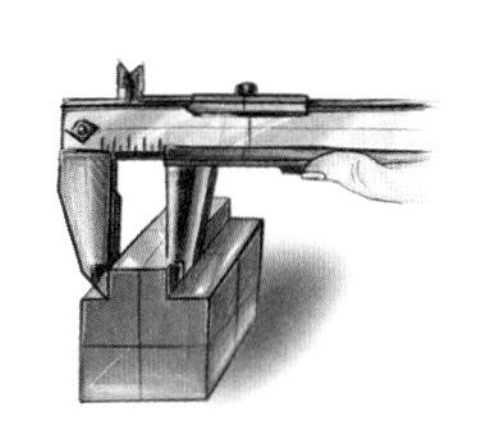

测宽度

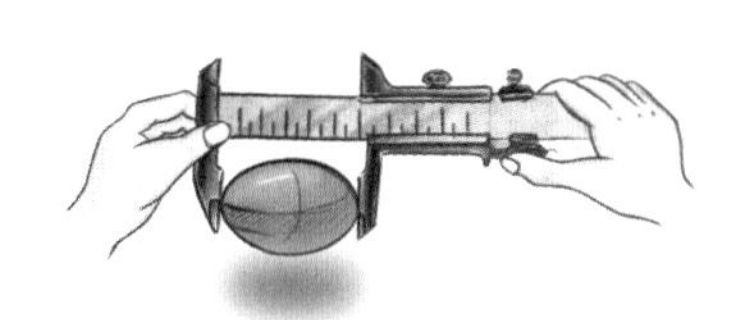

测外径

测内径

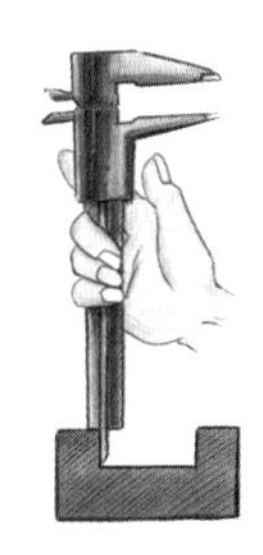

测深度

分析 · Analyze
组成 · Components

同学们，请分析一下，三叶小风车主要是由哪些部分组成的呢？

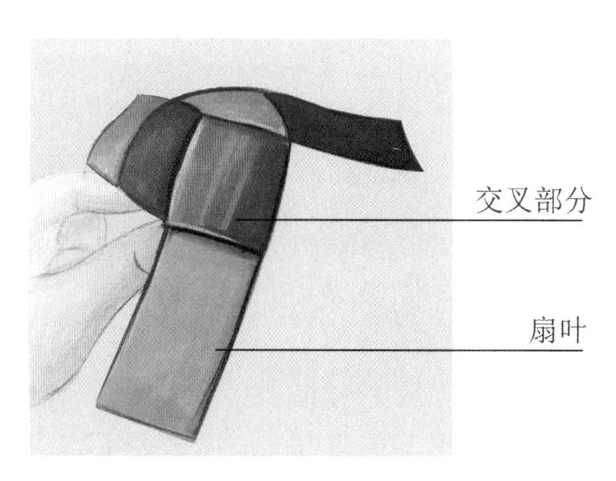

设计·Design 创造·Creation

同学们，让我们一起利用所学的工具来设计一个三叶小风车吧！

拓展·Expansion 提高·Improve

同学们，请开拓你们的思维，寻找一下比游标卡尺更精密的长度测量工具吧！

自我评价 Self-evaluation

认识：______________________________

____

收获：______________________________

____

世界上最精准的尺子

工人测量工件用游标卡尺，制图员绘图采用直尺，裁缝量衣采用软皮尺，怎样保证这些尺子的精度呢？要保证这些尺子的精度，必须有一把更精准的尺子作为基准。

为了长度计量的精确和统一，在第一次国际权度会议上，人们通过了米尺协议，规定以一根铂铱合金的尺子——国际米原器作为国际长度计量单位的基准。

国际米原器被保存于巴黎国际权度局的特殊环境中，以免发生热胀冷缩和各种物理化学变化。各国的国定米尺等都以国际米原器为基准，定期和它相比较，以确保精度。但是无论这根国际米原器保存得如何好，它还是会发生微小的形变。

因此为了得到一种永久不变的长度基准单位，科学家们在努力寻找一种自然存在的基准，用来代替人为的长度基准。

20世纪70年代以来，随着科学技术的进步，人们对时间和光速的测定，都达到了很高的精确度。因此，1983年10月在巴黎召开的第十七届国际计量大会又通过了米的新定义“米是1/299 792 458秒的时间间隔内光在真空中行程的长度”，并一直沿用至今。

这样，光就成了目前世界上最精准的尺子。

拓展小知识

03 弹簧秤

发现·Discover 问题·Problem

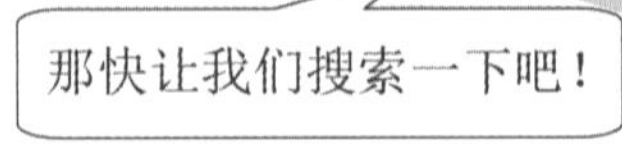

搜索·Search 答案·Answer

定义

弹簧秤是利用弹簧的形变与外力成正比的关系制成的测量作用力大小的装置。

弹簧秤

弹簧秤的种类

弹簧秤一般分为压缩型和拉伸型两大类，通过内部弹簧的压缩或拉伸产生的形变来称量物体的重量。

压缩型弹簧秤

拉伸型弹簧秤

弹簧秤的原理

弹簧秤是利用弹簧在被测物重力作用下的变形来测定该物质量的衡器。弹簧具有受力后产生与外力相应的变形的特性。

根据胡克定律①，弹簧在弹性限度内的变形量与所受力的大小成正比。

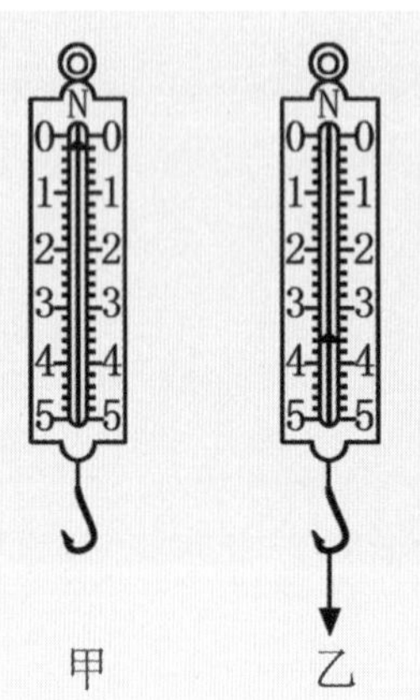

如图所示，在静止状态下，弹簧秤读数为0，当受到外力时，弹簧伸长，弹簧秤的读数变大。

根据胡克定律：$F=k \cdot x$，拉力F等于弹簧的弹性系数k乘以弹簧的压缩量或伸长量x。

在竖直状态下，弹簧秤的拉力等于重力，再通过质量和重力的换算公式 $G=mg$ 就可得到物体的质量m。

弹簧秤的使用

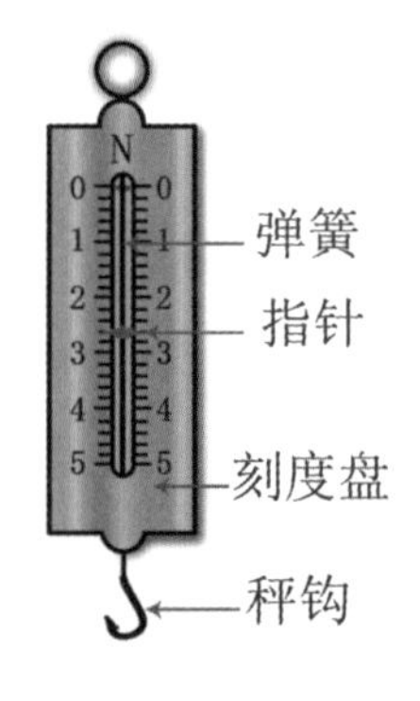

1. 使用前注意

拉动弹簧：轻轻地反复拉动弹簧，防止其卡住、摩擦、碰撞。

2. 了解量程

知道弹簧秤测量的最大范围（量程）是多少。

---

① 胡克定律：弹簧在发生弹性形变时，弹簧的弹力F和弹簧的伸长量（或压缩量）x成正比，即$F= k \cdot x$ 。k是物质的弹性系数，它只由材料的性质所决定，与其他因素无关。

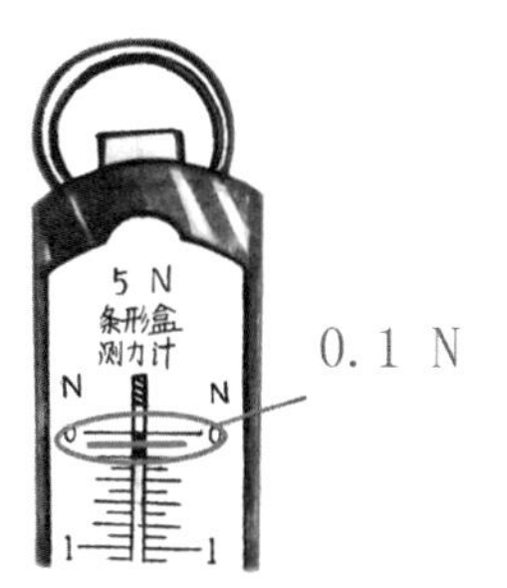

3. 明确分度值

了解弹簧秤的刻度。知道每一大格、最小一格表示多少牛。

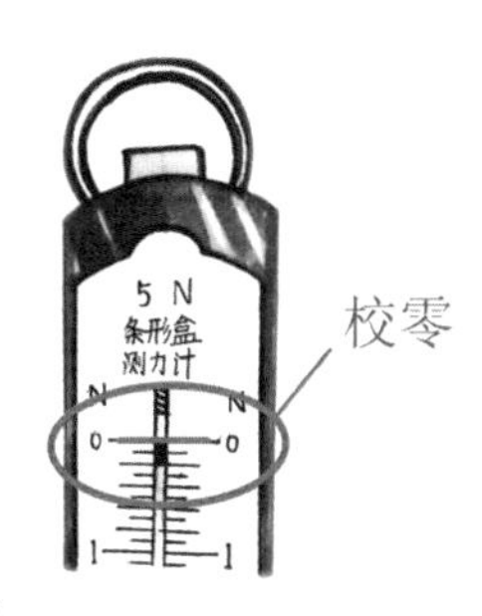

4. 校零

竖直提起弹簧秤，不挂重物检查指针是否对齐零刻度线，若没有对齐，需要调节至对齐。

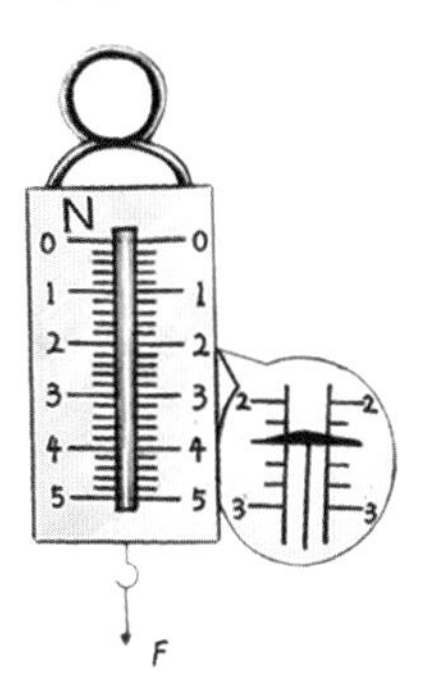

5. 测量与读数

称重时，将被测量物悬挂在挂钩下方，且弹簧不能靠在刻度盘上。读数时，视线要与刻度盘垂直。

思考 · Consider
应用 · Application

同学们，想一想，在我们日常生活中，什么时候用到了弹簧秤呢？

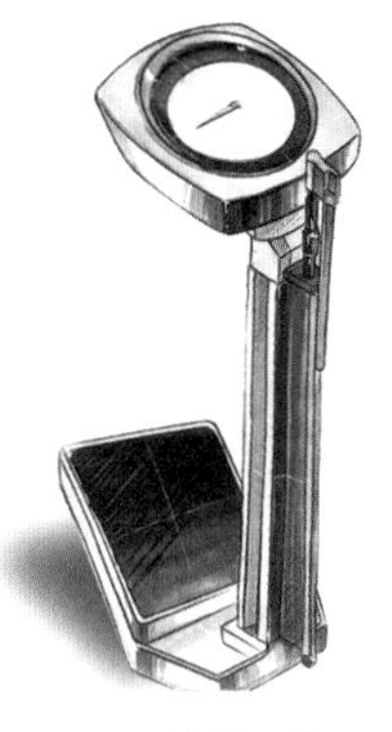

称体重

称食物

称货物

分析 · Analyze
组成 · Components

同学们，请分析一下，弹簧秤主要是由哪些部分组成的呢？

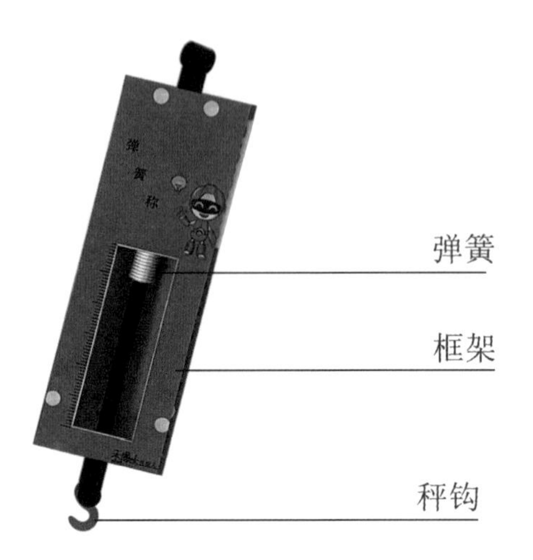

设计 · Design
创造 · Creation

同学们，让我们一起根据所学知识来设计一个弹簧秤吧！

拓展 · Expansion 提高 · Improve

同学们，请开拓你们的思维，想一想，更换弹簧秤的哪些部位可以扩大弹簧秤的量程？

自我评价 Self-evaluation

认识：____________________

____

收获：____________________

____

04 剥线钳

发现·Discover 问题·Problem

同学们，你们知道什么是剥线钳吗？

搜索 · Search 答案 · Answer

定义

剥线钳：一种钳形工具，用来剥除电线头部的表面绝缘层，是电工常用的工具之一。

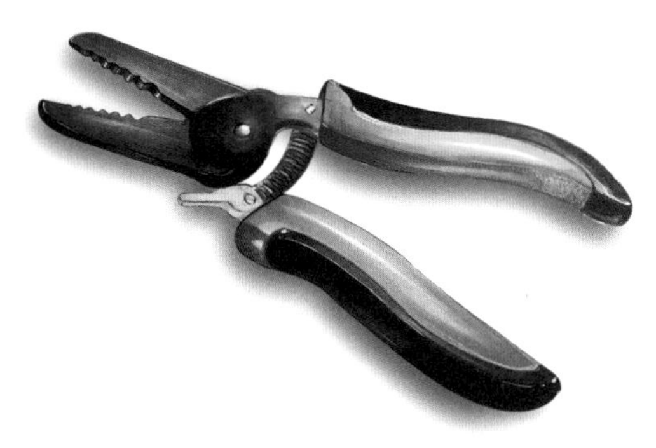

剥线钳

剥线钳的种类

剥线钳的种类很多，按照其工作端样式可分为可调式端面剥线钳、自动剥线钳、多功能剥线钳、压接剥线钳。

可调式端面剥线钳

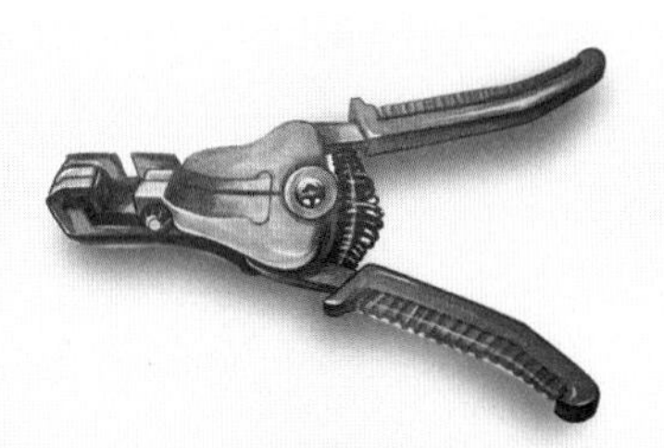

自动剥线钳

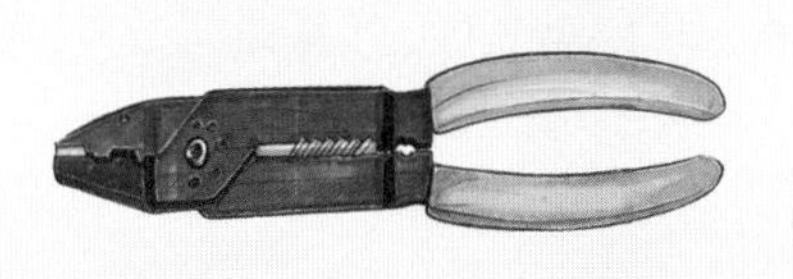

多功能剥线钳

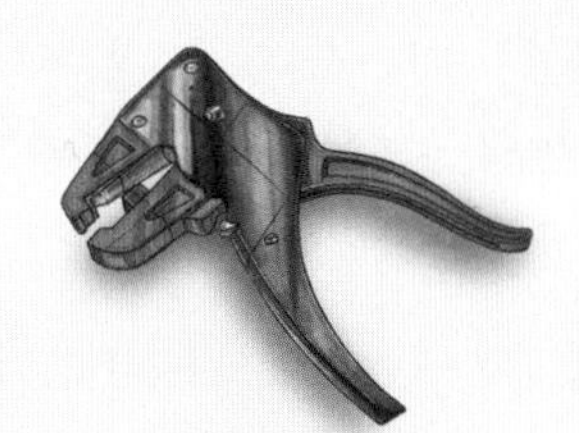

压接剥线钳

工作原理

剥线钳是利用杠杆原理工作的。当剥线时，先握紧钳柄，使钳头的一侧夹紧导线的端头，通过刀片的不同刃孔可剥除不同粗细导线的绝缘层。

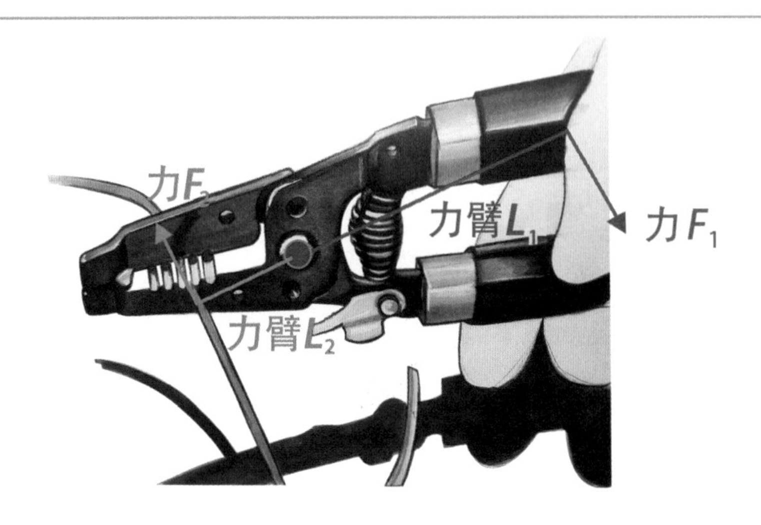

$$F_1 \times L_1 = F_2 \times L_2$$

使用方法

剥线钳：松开保护卡（图①、图②），根据缆线的粗细型号，选择相应的剥线刀口。将准备好的电缆放在剥线钳的刀刃中间（图③），选择好要剥线的长度，握住剥线钳手柄，将电缆夹住，缓缓用力使电缆外表皮慢慢剥落。松开工具手柄，取出电缆线，这时电缆金属线整齐地露在外面，其余绝缘塑料完好无损（图④）。

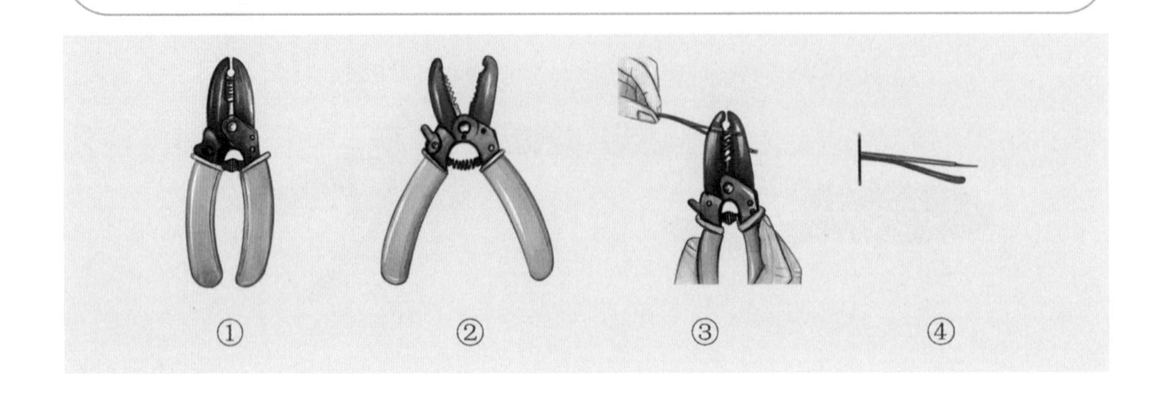

思考 · Consider 应用 · Application

同学们，想一想，在我们日常生活中，什么时候会用到剥线钳呢？

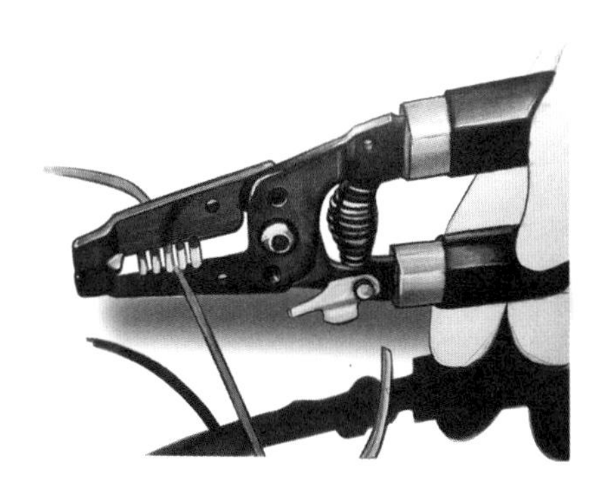

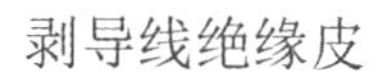

剥导线绝缘皮

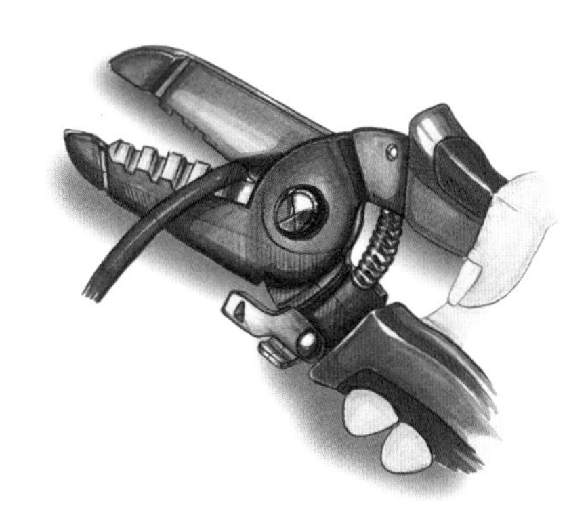

剪切导线

分析 · Analyze 组成 · Components

同学们，请分析一下，蜂鸣抢答器主要是由哪些部分组成的呢？

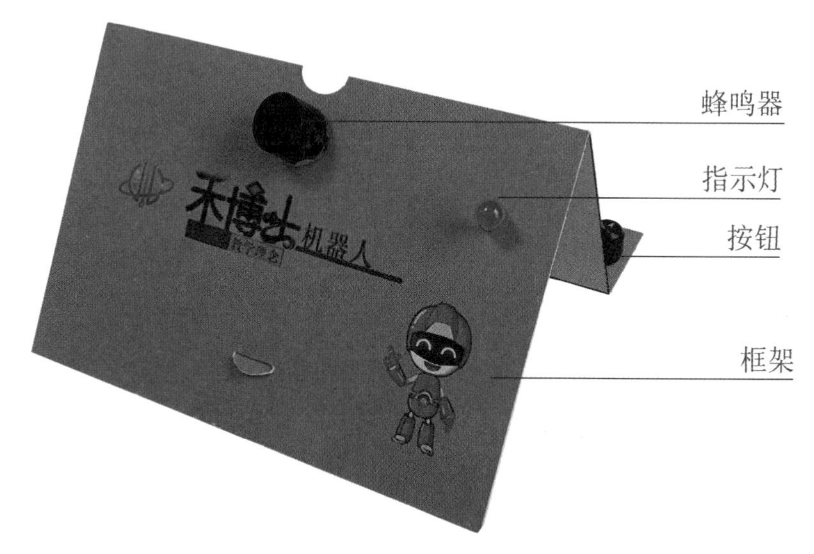

设计·Design 创造·Creation

同学们，让我们一起利用剥线钳来制作一个蜂鸣抢答器吧！

拓展·Expansion 提高·Improve

同学们，请开拓你们的思维，想一想，如果蜂鸣器由两个输入按钮控制，当其中一个按钮按响蜂鸣器后，另一个就不能按响，该如何设计呢？

自我评价
Self-evaluation

认识：

收获：

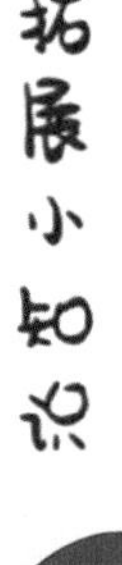

蜂鸣器的工作原理

声音是由物体振动产生的。比如人说话，是由于胸腔产生的气流冲击声带，让声带振动起来，产生了说话的声音。

蜂鸣器的内部有一种压电材料，当在其两端施加电压之后，这种材料会发生伸缩形变。

蜂鸣器内部含有振荡电路，将直流电压转化成脉冲电压，致使压电材料不断形变，形成高频的振动，进而产生声音。

05 钢锯、G字夹

发现·Discover 问题·Problem

同学们，你们知道什么是钢锯、G字夹吗？

搜索·Search 答案·Answer

定义

钢锯：一种带有齿条的弓形切割工具，常用来切割小尺寸的木块和工件等。

G字夹：用于夹持各种形状的工件、模块等，起固定作用的G字形的一种五金工具。

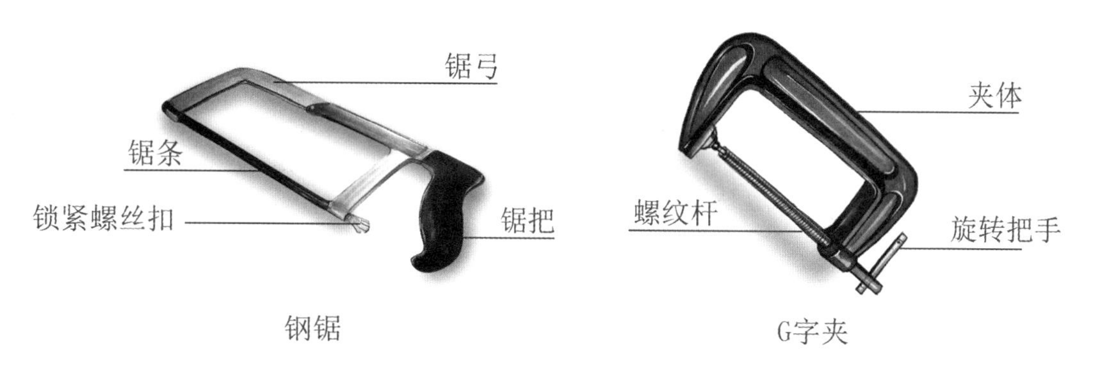

钢锯　　G字夹

钢锯的种类

锯条有单边齿[①]和双边齿[②]两种，又分粗齿、中齿和细齿，适用于不同材质的锯割。锯割较硬的材质时，选用细齿锯条；锯割较软的材质时，选用粗齿锯条；锯割一般的材质时，选用中齿锯条。

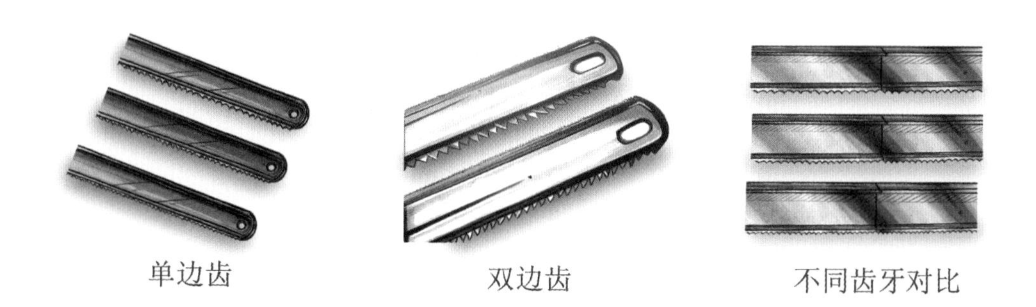

单边齿　　双边齿　　不同齿牙对比

① 单边齿：锯条的一边带有齿牙，这种锯条的利用率很低，一边的锯齿被磨损后，整根锯条就报废了。
② 双边齿：锯条的两边带有齿牙，把锯条的两个边均加工上锯齿，这样的锯条可以两边使用。

钢锯的由来

从前，鲁班①上山伐木被野草划破了手。他摘下草叶轻轻一摸，发现叶子边缘有许多锋利的小齿。于是鲁班就在铁片上做出小齿，经过反复试验和改进，终于发明了当时急需的木工用锯子。后来，钢锯在实际操作中不断被更新改良，一直延续到现在。

钢锯的工作原理

钢锯所使用的锯条硬度较高，硬度高的物体在硬度低的物体上进行往复运动，硬度低的物体将会产生划痕。当被切割物体产生的划痕越多，缺口越大，物体越容易断裂。

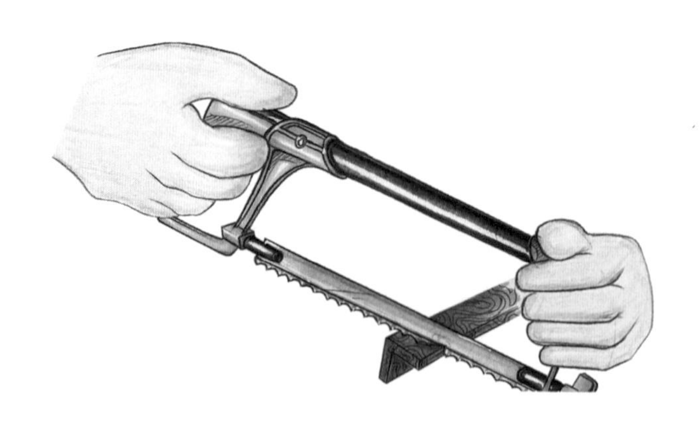

① 鲁班（公元前507年—公元前444年），春秋时期鲁国人。他一生发明了很多木工工具，如锯子、曲尺等。这些木工工具的发明使当时的工匠们从原始繁重的劳动中解放出来，劳动效率成倍提高，后来人们为了纪念这位名师巨匠，把他尊称为中国土木工匠的始祖。

思考 · Consider
应用 · Application

同学们，请想一想，在我们日常生活中，什么时候会用到钢锯和G字夹呢？

锯钢管

锯木头

夹木料

分析 · Analyze
组成 · Components

同学们，请分析一下，叠叠乐主要是由哪些部分组成的呢？

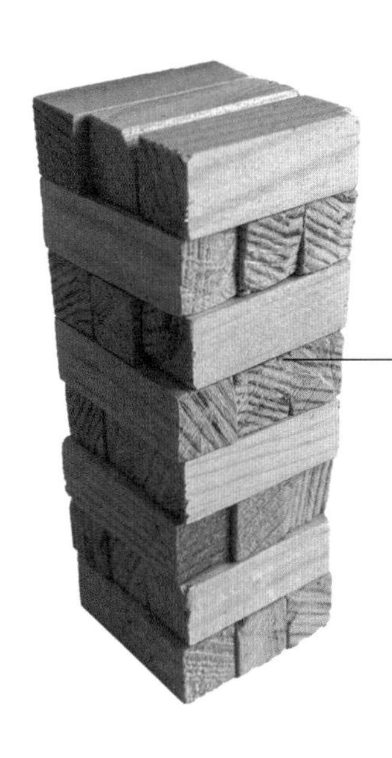

设计·Design 创造·Creation

同学们，让我们一起利用所学的工具来设计一个叠叠乐吧！

拓展·Expansion 提高·Improve

同学们，请开拓你们的思维，找一找还有哪些工具是模仿自然界的东西制造出来的？

自我评价 Self-evaluation

认识：

收获：

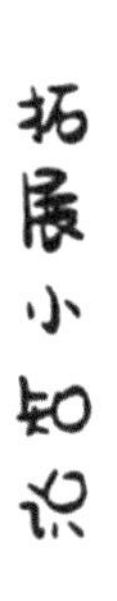

仿生学

仿生学指的是通过人们研究生物体的结构与功能的原理，并根据这些原理发明出新的设备、工具和科技，创造出适用于生产、学习和生活的先进技术。

比如，苍蝇的眼睛是一种“复眼”，由3000多只小眼组成，人们模仿它制成了“蝇眼透镜”。“蝇眼透镜”是一种新型光学元件，它是由几百或者几千块小透镜整齐排列组合而成的，用它做镜头可以制成“蝇眼照相机”，一次就能照出千百张相同的相片。这种照相机已经用于印刷制版和大量复制电子计算机的微小电路中，大大提高了工效和质量。

06 锉刀

发现·Discover 问题·Problem

同学们，你们对锉刀有了解吗？

搜索·Search 答案·Answer

定义

锉刀：用于锉光工件的手工工具，可对金属、木料、皮革等表层做微量加工。锉刀由锉身和锉柄构成，锉身工作面上有锉纹。

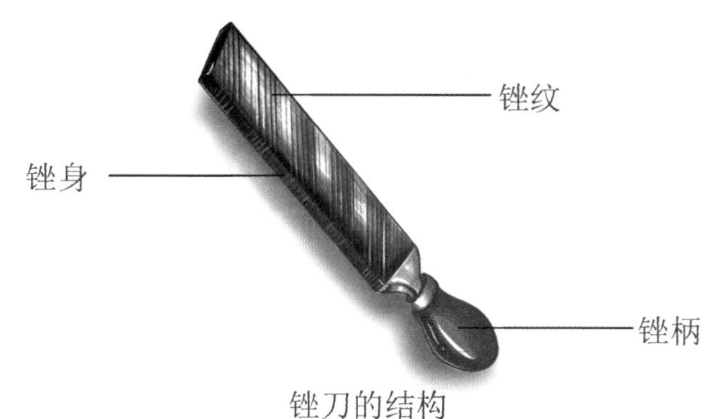

锉刀的结构

锉刀的锉纹

锉纹是锉齿[1]有规则排列的图案，锉刀的齿纹分为单齿纹和双齿纹两种。

单齿纹只有一个方向的齿纹，常用于锉削软材料，如铝、铜等。

双齿纹有两个方向的齿纹，齿纹浅的叫作底齿纹[2]，齿纹深的叫作面齿纹[3]，适合于硬材料的锉削。

单齿纹锉刀

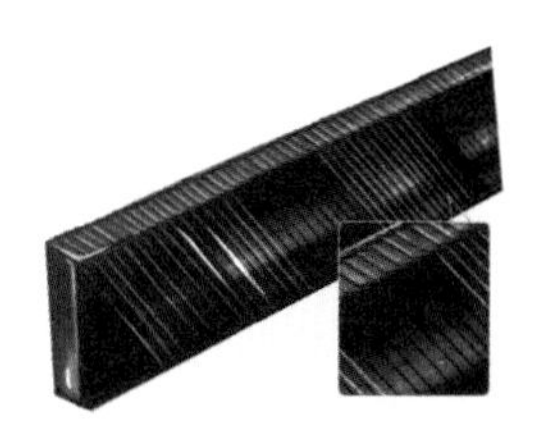
双齿纹锉刀

① 锉齿：锉刀工作面上的尖齿形状或排列。
② 底齿纹：双齿纹锉刀中齿纹浅的齿纹。
③ 面齿纹：双齿纹锉刀中齿纹深的齿纹。

锉刀的分类

锉刀按照锉身断面形状可分为平锉、方锉、圆锉。

平锉

方锉

圆锉

锉刀的原理

锉刀能进行工作的原因在于锉身上的锉刀面上有许多锉齿。工作时，每个锉齿相当于一把錾子①对材料进行切削，将工件的表面修理平整。

锉刀的使用

锉刀的握法：右手食指伸直，靠在锉刀的刀边，右手拇指及其余三指握住锉刀木柄，左手手指或手掌压在锉刀中部。

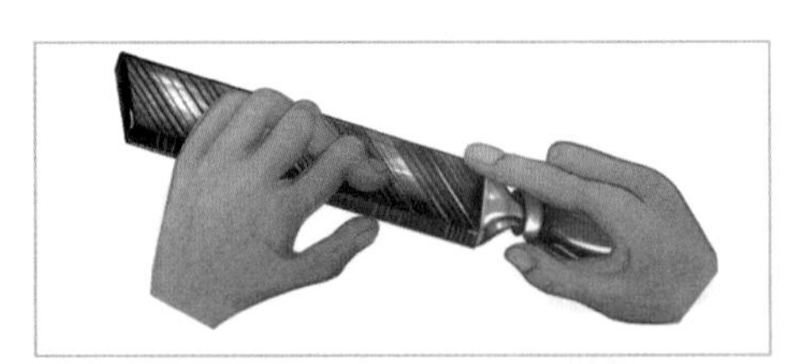

锉刀只在推进时加力进行切削，返回时不加力，否则易造成锉刀过早磨损。

锉削时，对锉刀的总压力不能太大，压力太大会使锉刀磨损加快。但压力也不能过小，否则达不到切削的目的。一般是以在向前推进时手上有一种韧性感觉为适宜。锉削时，还要观察锉削平面是否平整，发现问题应及时纠正。

① 錾子，读音zàn zi，是一种通过凿、刻、旋、削加工材料的工具，具有短金属杆，在一端有凿石头或金属的锐刃小凿子。

思考 · Consider 应用 · Application

同学们，请想一想，如何选用不同类型的锉刀呢？

使用圆锉

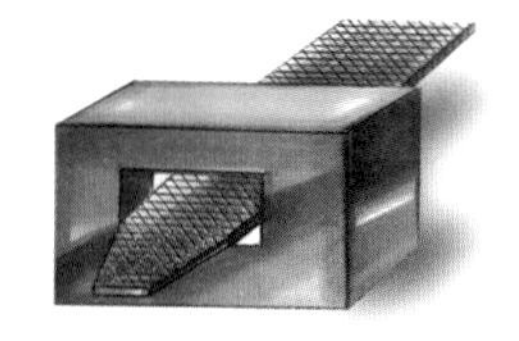

使用平锉

使用方锉

根据被锉削零件的形状来选择，使两者的形状相适应。

（1）锉削内圆弧面时，要选择圆锉。

（2）锉削内直角表面时，可以选用平锉或方锉等。

分析 · Analyze 组成 · Components

同学们，请分析一下，七巧板主要是由哪些部分组成的呢？

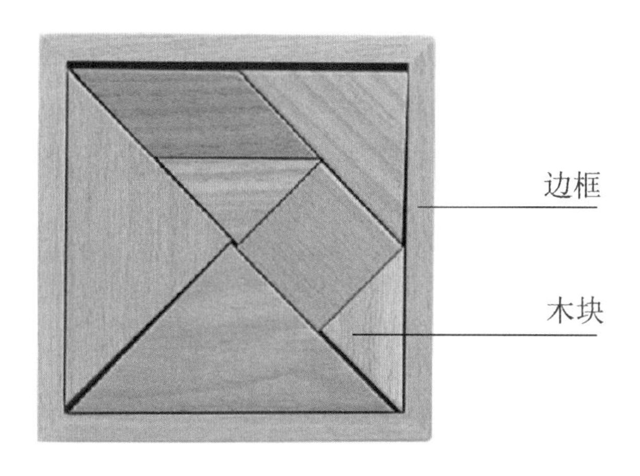

设计·Design 创造·Creation

同学们，让我们一起利用所学的工具来制作一个七巧板吧！

拓展·Expansion 提高·Improve

同学们，请开拓你们的思维，发挥想象力，将七巧板可以拼出的造型画出来吧！

自我评价 Self-evaluation

认识：

收获：

拓展小知识

为了延长锉刀的使用寿命，必须遵守以下使用原则：

（1）不准用新锉刀锉硬金属；

（2）不准用锉刀锉淬火材料；

（3）有硬皮或粘砂的锻件、铸件，必须用砂轮机将其磨掉后，才可用半锋利的锉刀加工；

（4）新锉刀先使用一面，待其磨钝后，再使用另一面；

（5）锉削时，要经常用钢丝刷清理锉刀表面上的碎屑；

（6）锉刀切不可重叠或与其他工具堆放在一块；

（7）使用锉刀时不易速度过快，否则容易过早磨损；

（8）锉刀要避免沾水、沾油或者沾染其他脏物；

（9）细锉刀不准锉软金属；

（10）使用什锦锉刀时，不宜用力过大，以免折断。

07 钢丝钳

发现·Discover 问题·Problem

小禾，你看，这些工艺品太漂亮了吧！

嗯，小新，那些是手艺人用钳子把铁丝弯成的铁艺作品。

钳子？什么是钳子？

同学们，你们知道钳子有哪些种类吗？

搜索 · Search
答案 · Answer

定义

钳子，是一种用于夹持、固定加工工件或者扭转、弯曲、剪断金属丝线的手工工具。

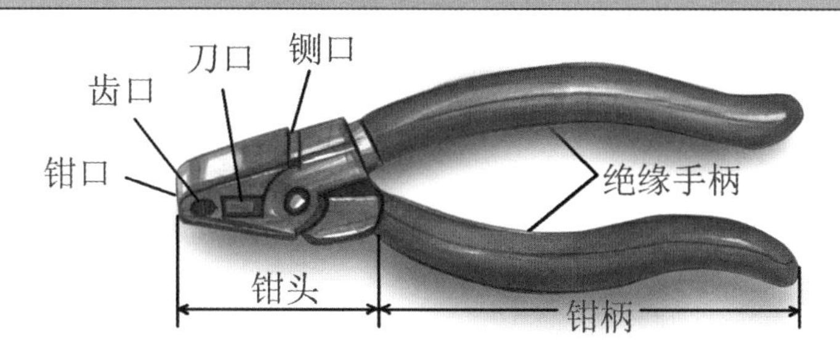

钳子的结构

钳子的种类

钳子按照钳嘴的类型可以分为钢丝钳、斜嘴钳、尖嘴钳。

① 钢丝钳用于掰弯及扭曲圆柱形金属零件，其旁刃口也可用于切断细金属丝。

② 斜嘴钳用于剪切导线和元器件多余的引线，还常用来代替一般剪刀剪切绝缘套管、尼龙扎线卡等。

③ 尖嘴钳用来剪切线径较细的单股与多股线，以及给单股导线接头弯圈、剥塑料绝缘层等，能在较狭小的工作空间操作。

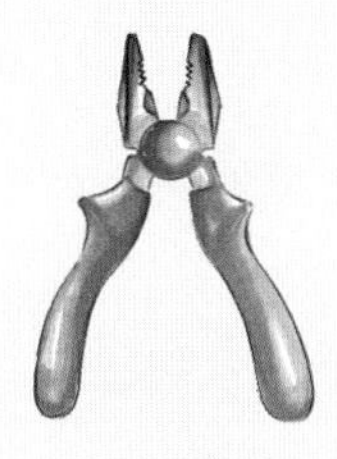

钢丝钳

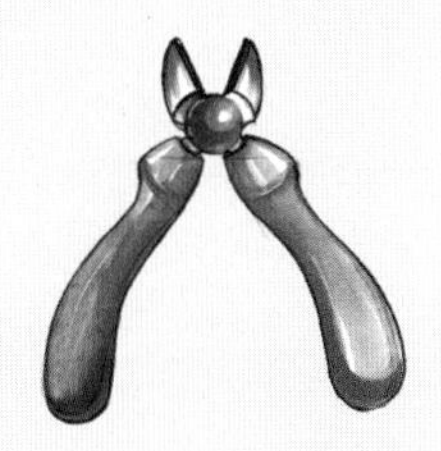

斜嘴钳

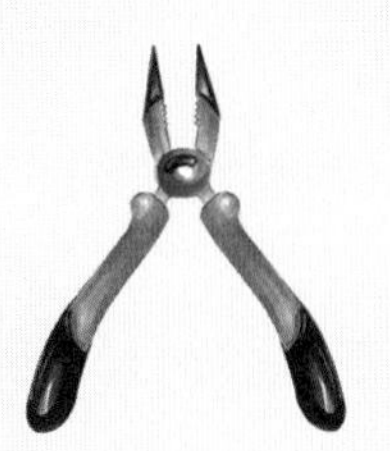

尖嘴钳

钳子的原理

钳子是根据力学上的杠杆原理工作的，通常都是钳柄长于钳头，这样可以用较小的握力获得较大的夹持力，从而减轻使用者操作时所用的力气。

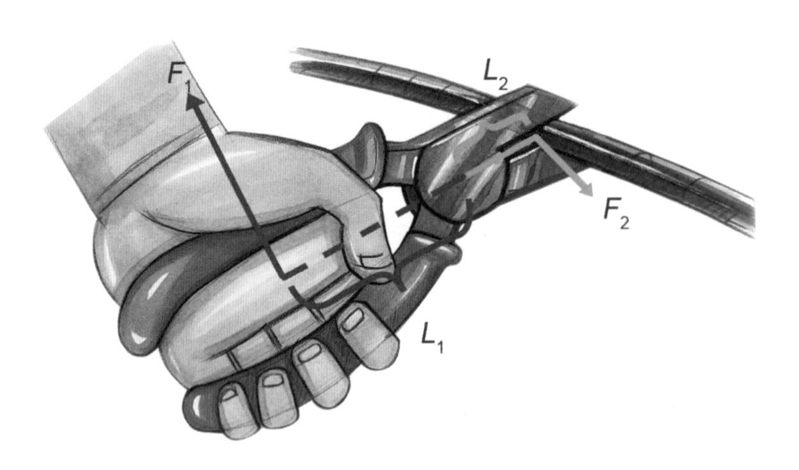

$$F_1 \times L_1 = F_2 \times L_2$$

思考·Consider 应用·Application

同学们，请想一想，钳子在生活中有哪些应用呢?

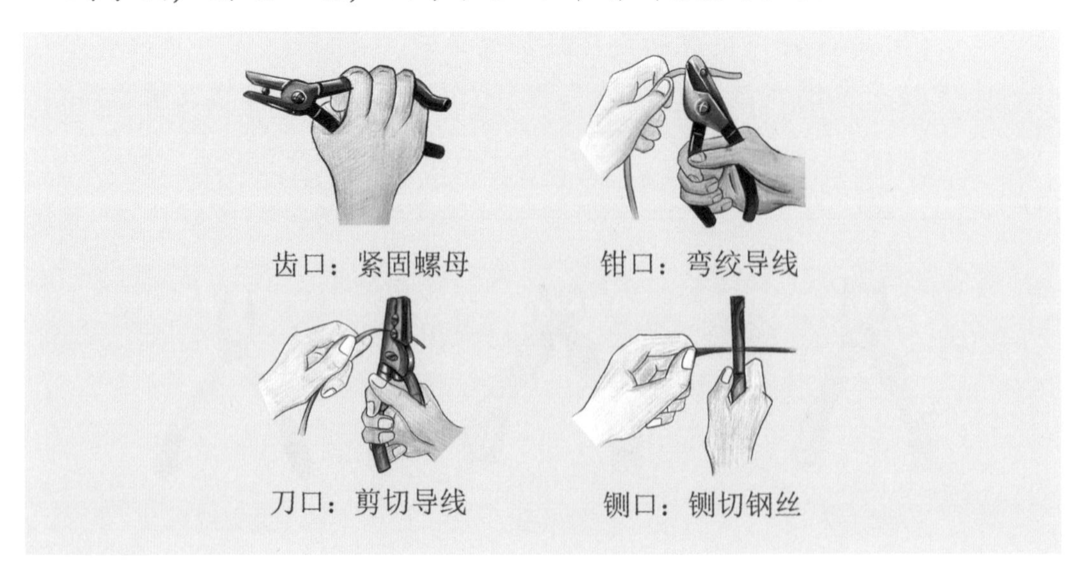

分析 · Analyze 组成 · components

同学们，请分析一下，电磁感应圈主要是由哪些部分组成的呢？

设计 · Design 创造 · Creation

同学们，让我们一起利用所学的工具来制作电磁感应线圈吧！

拓展 · Expansion 提高 · Improve

同学们，请开拓你们的思维，想一想，电磁感应圈为什么会转动呢？

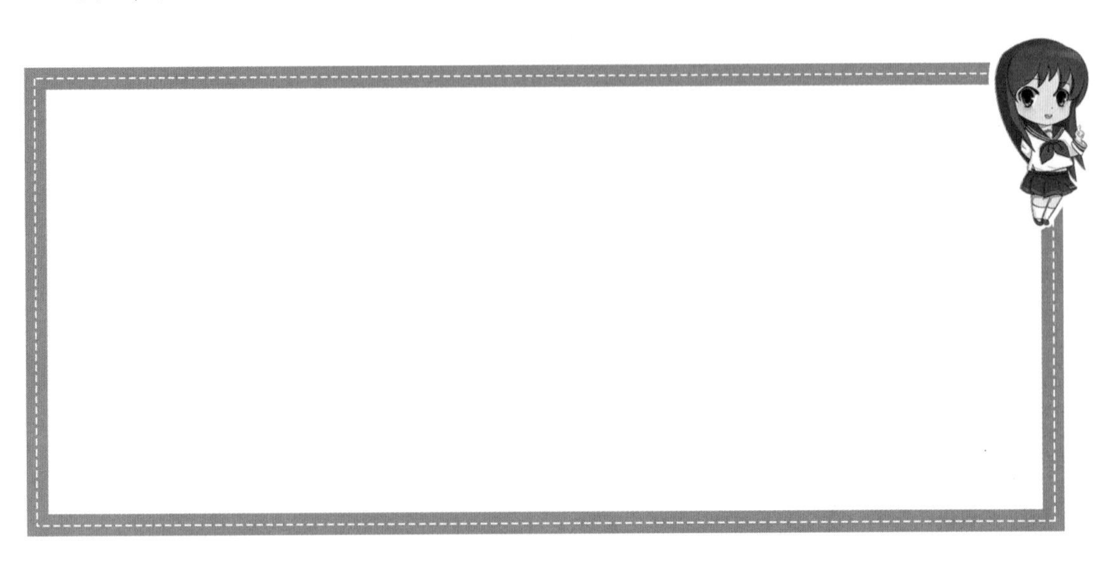

自我评价 Self-evaluation

认识：______________________________

____

收获：______________________________

____

08 胶枪

发现·Discover 问题·Problem

小禾，我的玩具飞机摔坏了，你知道用什么胶水能把我的木制小飞机粘好吗？

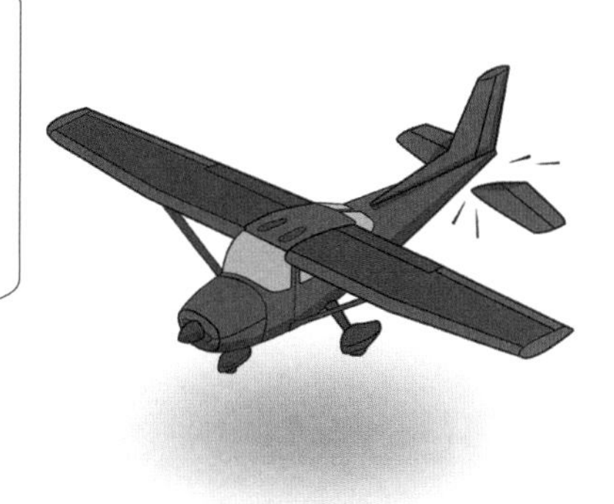

小新，不如我们用胶枪和胶棒来把飞机粘好吧，这样会更牢固呢！

什么是胶枪啊？胶枪和胶棒的黏性比胶水还要强吗？

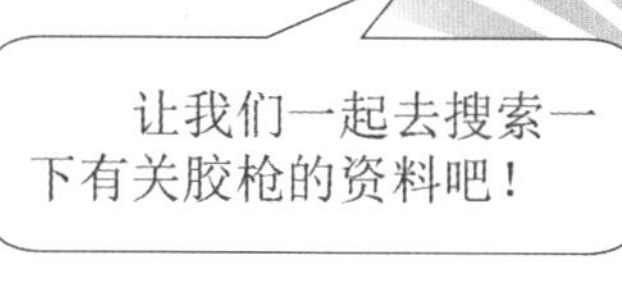

搜索 · Search 答案 · Answer

定义

热熔胶是一种具有可塑性的粘合剂，在一定温度范围内其物理状态随温度的变化而改变，而化学特性不变，无毒无味，属环保型化学产品。

热熔胶枪是具有精确的开断效果、多种多样的喷嘴，保证热熔胶在持续高温下喷出粘合的工具。

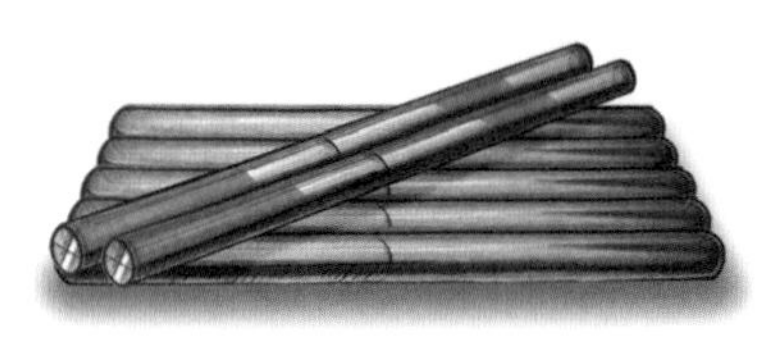

热熔胶棒

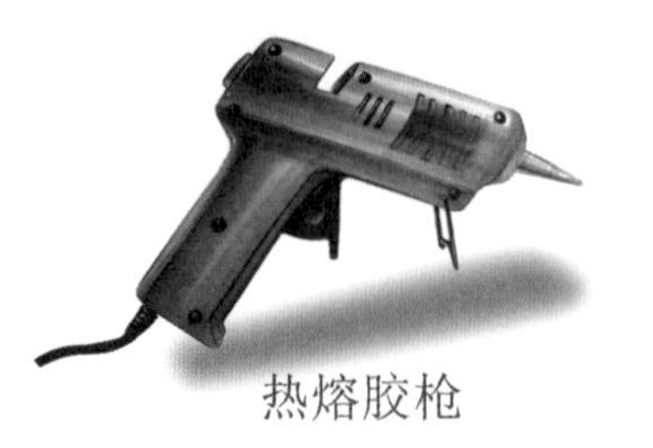

热熔胶枪

热熔胶的种类

① EVA热熔胶：低温粘合，多应用于汽车内饰行业。

② PES热熔胶：对特殊材料粘接性比较好，主要粘接皮革、布料、金属、木材、导电布等。

③ TPU热熔胶：手感柔软，弹性好，主要在鞋材领域应用。

④ PO热熔胶：耐水洗、耐候性和耐溶剂效果好，主要用于粘接金属。

⑤ PA热熔胶：耐水耐溶剂，耐候性较好，针对织物材料粘接效果不错，主要粘接布料、皮革、金属等材质。

EVA热熔胶

PES热熔胶

TPU热熔胶

PO热熔胶

PA热熔胶

胶枪的原理

热熔胶枪通电以后使枪体内部产生热量，当温度达到热熔胶熔点后，热熔胶成为流体，在扣动扳机时，扳机给予的压力就会使流体的热熔胶从枪头喷出，压力和出胶速度都可以人为控制。

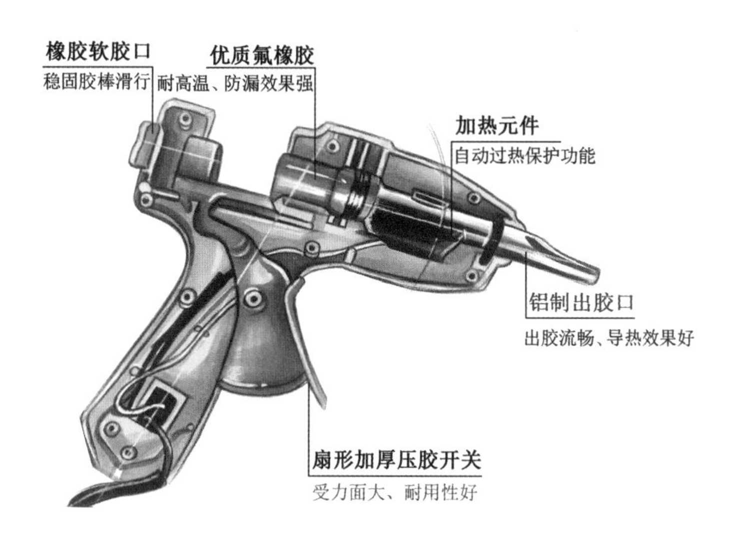

思考·Consider 应用·Application

同学们，请想一想，胶枪在生活中有哪些应用呢？

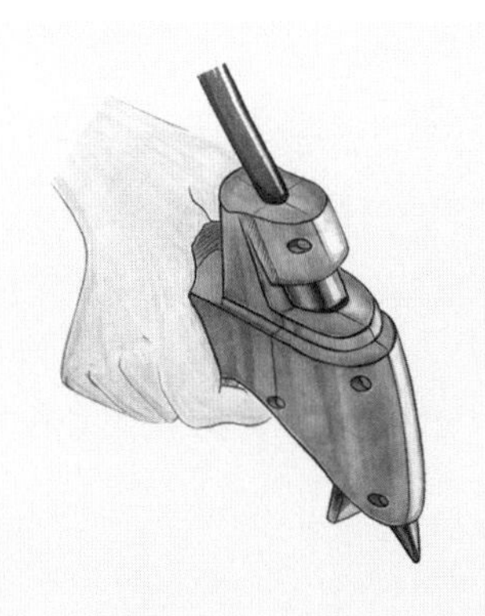

手工制作

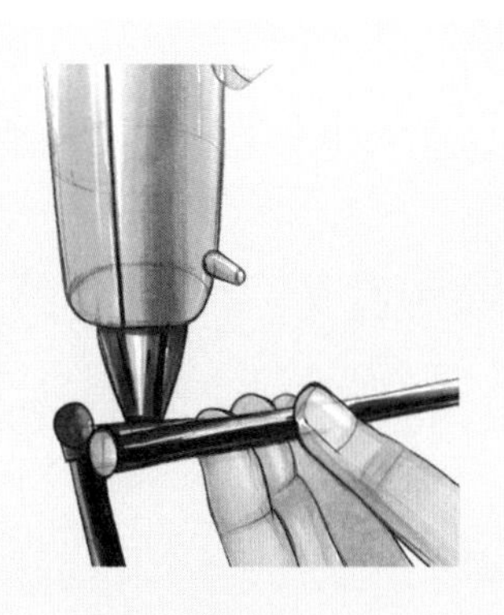

室内装修

分析 · Analyze
组成 · Components

同学们，请分析一下，雪糕棒飞机主要是由哪些部分组成的呢？

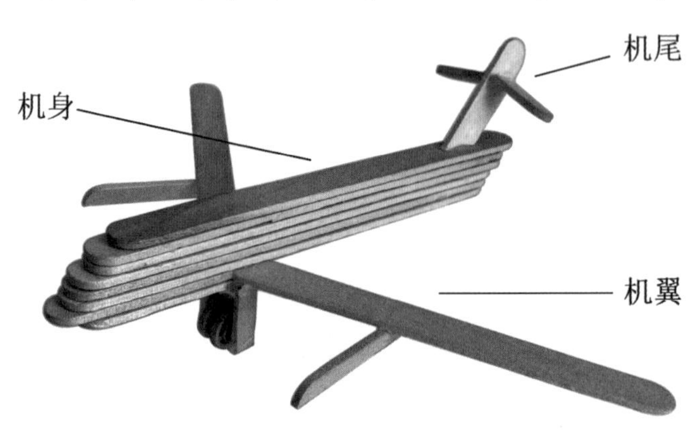

设计 · Design
创造 · Creation

同学们，让我们一起利用热熔胶枪来制作一个雪糕棒飞机吧！

拓展 · Expansion
提高 · Improve

同学们，请开拓你们的思维，想一想，飞机为什么能在天空飞行？

自我评价
Self-evaluation

认识：____

____

收获：____

____

09 锤子

发现·Discover 问题·Problem

同学们，你们对锤子有了解吗？

搜索 • Search 答案 • Answer

定义

锤子：敲打物体使其移动或变形的工具，一般由锤头和锤柄组成。

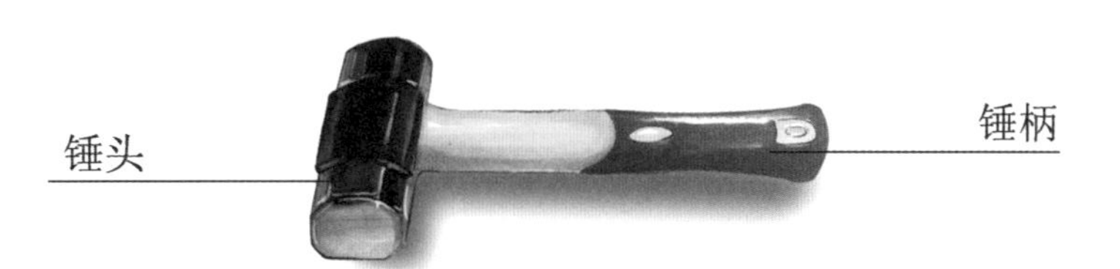

锤子的结构

锤子的原理

锤子在使用的过程中做弧形运动，将力量集中在锤头，当手的速度一定时，锤柄越长，锤头的速度就越快，冲量①就越大。

铁锤：用于敲打铁钉或平整金属表面。

橡胶锤：用于敲打木质或塑料制品。

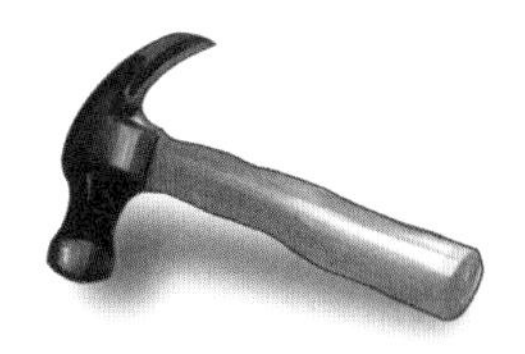

羊角锤：一头扁平向下弯曲并开V口，目的是撬起钉子。

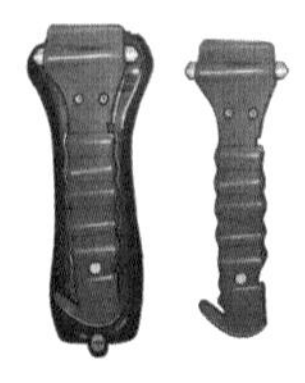

安全锤：封闭舱室里的辅助逃生工具。

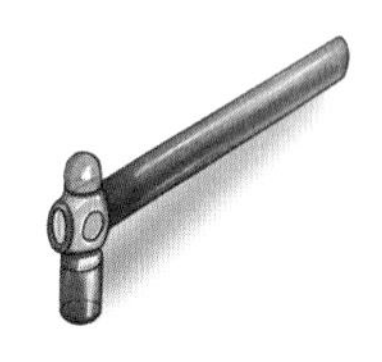

圆形锤：打击面呈圆形，用于矫正金属部件。

① 冲量：力对物体作用的时间累积效应。

锤子小常识

锤子使用久了，锤头就会变松，这时我们可以握住锤柄，使锤头和锤柄快速向下运动砸向固定的物体，这样锤头就变紧了。

锤子的使用

使用锤子前，检查锤头与锤柄的连接是否牢固，如有松动，应立即处理；锤头出现裂纹，应及时更换；检查锤子的手柄长短是否合适。

使用锤子时，五指始终紧握锤柄，这样锤子不易甩飞。

挥锤时仅用手腕的动作来进行锤击运动，一般应用于要求锤击力较小的作业。

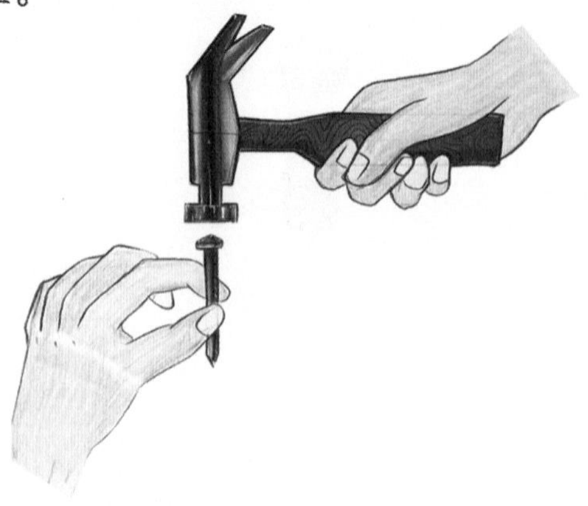

思考 · Consider
应用 · Application

同学们，请想一想，在我们日常生活中，何时会使用锤子？

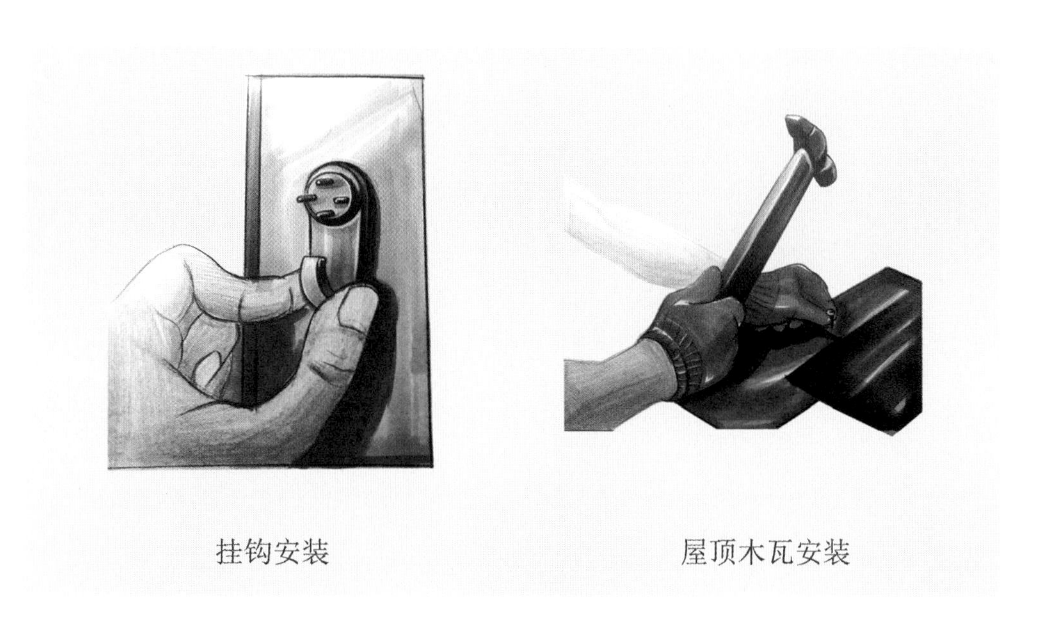

挂钩安装　　　　屋顶木瓦安装

分析 · Analyze
组成 · Components

同学们，请分析一下，木制相框主要是由哪些部分组成的呢？

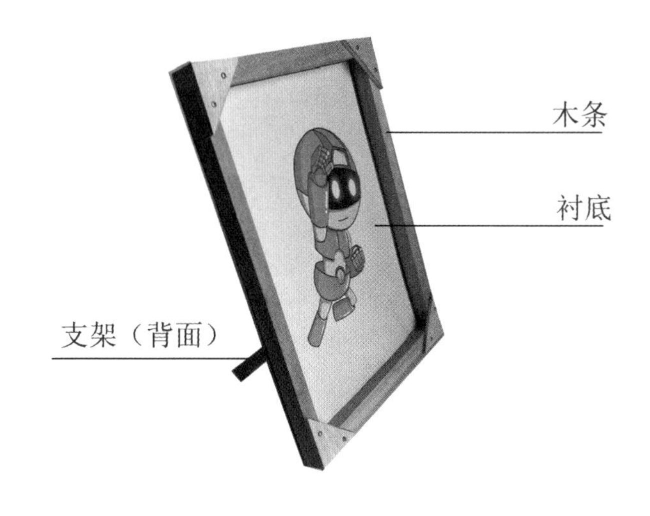

设计 · Design
创造 · Creation

同学们，让我们一起利用锤子来制作一个相框吧！

拓展 · Expansion
提高 · Improve

同学们，请开拓你们的思维，想一想在使用锤子时如何避免被锤头砸到手？

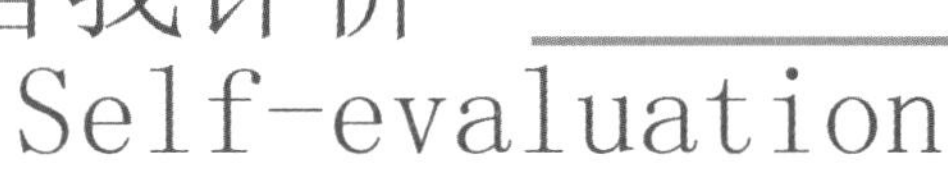

自我评价 Self-evaluation

认识：______________________________________

____

收获：______________________________________

____

拓展小知识

从旧石器时期起，远古人类就开始使用石头来敲击、碾砸物品，这便是最原始的锤子。直至进入青铜时代，锤子的工具特性不断地显现出来，不仅被运用在农业生产、器皿打造，还被运用在音乐（编钟）、武器方面。

现代真正意义上的羊角锤是由美国铁匠大卫·梅德尔于1840年发明的。他使用楔形銎眼—— 插入锤柄后反向打下木楔，这样锤头就更为牢固。此外他还把“羊角”升级成为曲面，拔起钉子更为方便。这种新型羊角锤一经推出就广受欢迎。

10 打孔器

发现·Discover 问题·Problem

同学们，你们知道什么是打孔器吗？

搜索 · Search 答案 · Answer

定义

打孔器：利用手动方式带动打孔机执行部件上下移动与下模配合从而完成打孔，它是生活中常用的打孔工具，常用于在白纸、木头上制作圆孔。

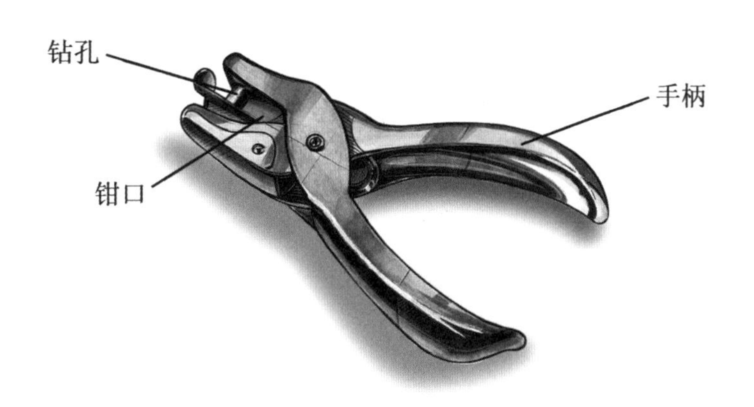

打孔器的结构

打孔器的种类

打孔器可分为手动打孔器、珍珠打孔器、激光打孔器。我们生活中常用的是手动打孔器。

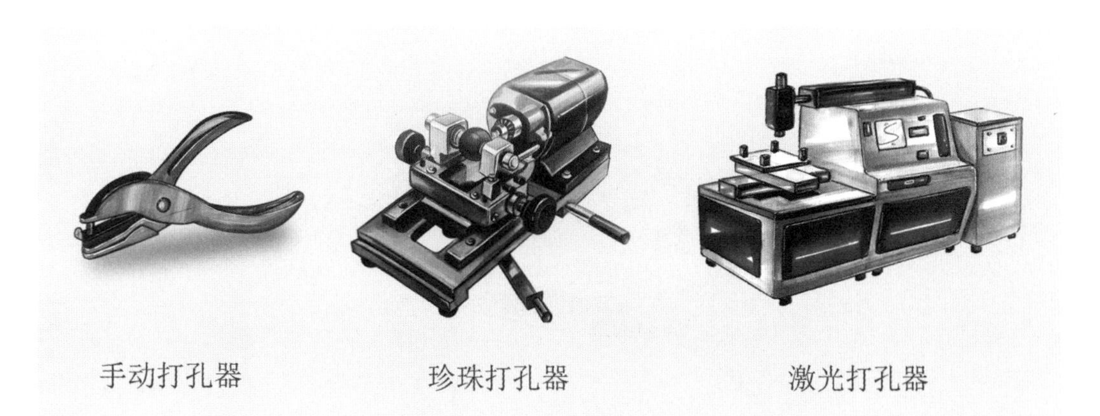

手动打孔器的工作原理

手动打孔器主要以杠杆原理设计，利用手动方式带动打孔机执行部件上下移动与下模配合从而完成打孔。

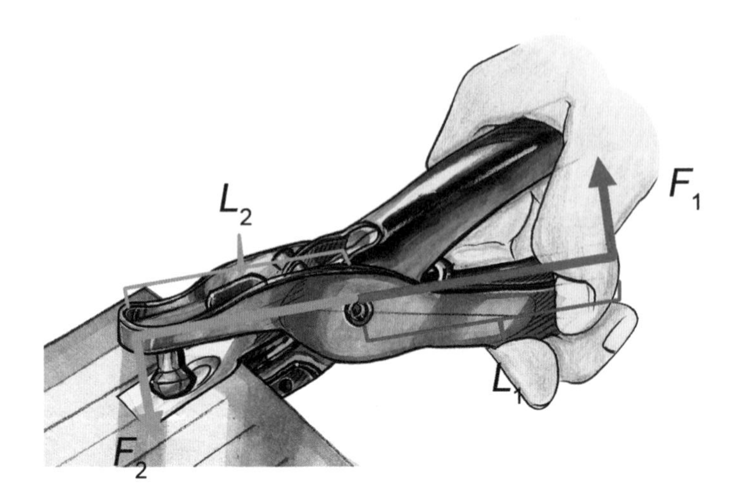

$$F_1 \times L_1 = F_2 \times L_2$$

手动打孔器的使用方法

我们需要先将整理好的文件叠放整齐，确定好打孔位置，将文件放入打孔器。在对齐打孔位置后，按压打孔手柄，打好孔后松开手，打孔器的手柄就会自动回弹，最后取出打孔文件（不要忘记清理打孔器中残留的碎纸屑）。

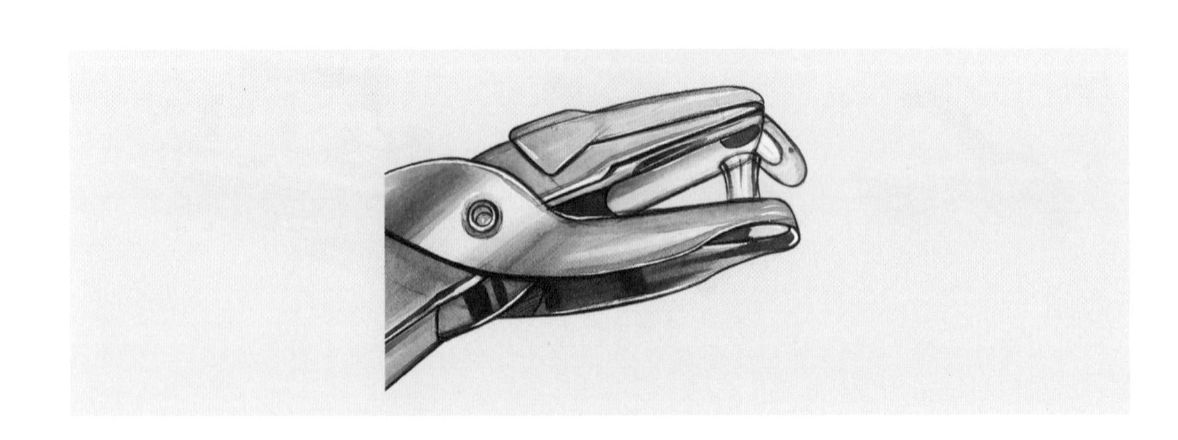

思考·Consider 应用·Application

同学们，请想一想，在我们日常生活中，什么时候会用到打孔器呢？

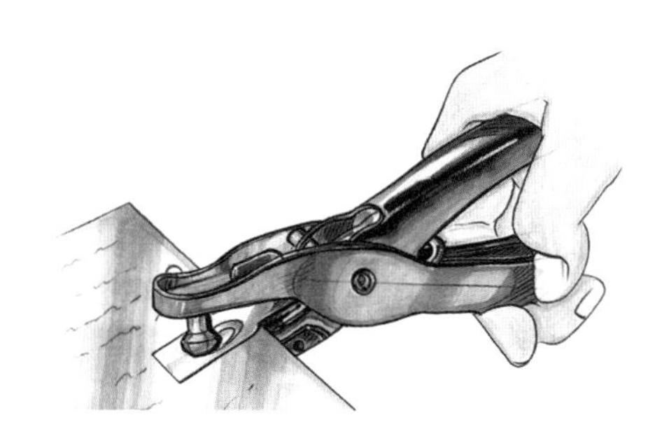

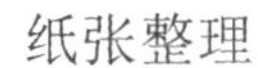
纸张整理

乘车检票

分析·Analyze 组成·Components

同学们，请分析一下，皮影人偶主要是由哪些部分组成的呢？

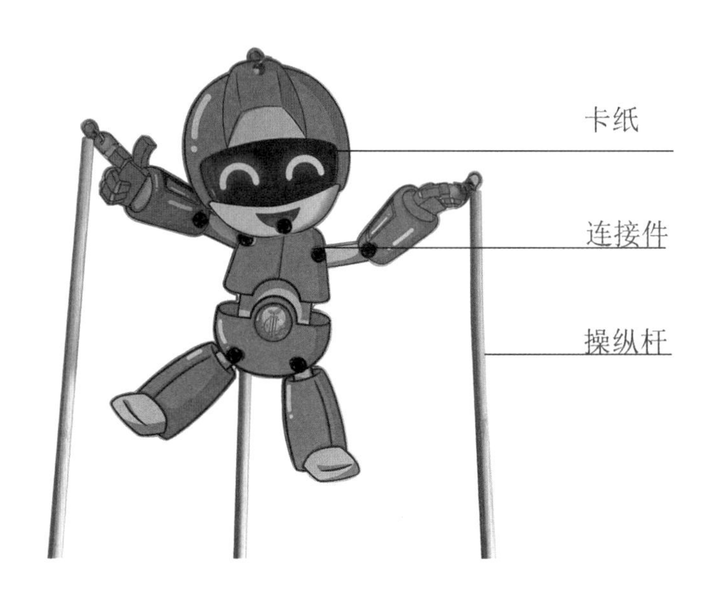

设计·Design 创造·Creation

同学们，让我们一起利用所学的工具来制作一个皮影人偶吧！

拓展·Expansion 提高·Improve

同学们，请开拓你们的思维，将知识无限拓展，查找一下关于皮影的历史吧！

自我评价
Self-evaluation

认识：________________

____

收获：________________

____

生活中很多工具都利用了杠杆原理。杠杆主要分为两大类：省力杠杆、费力杠杆。

省力杠杆，顾名思义，其动力臂较长，动力较小，所以省力。例如，打孔器、剪刀、开瓶器、扳手等都是省力杠杆在生活中的应用。

费力杠杆虽然很费力，但是节省了距离，同样方便了我们的生活。例如，鱼竿、晾衣杆、扫帚等都是费力杠杆在生活中的应用。

11 壁纸刀

同学们，你们对壁纸刀有了解吗？

搜索·Search 答案·Answer

定义

壁纸刀：刀的一种，刀片锋利，用来裁壁纸之类的东西，故名“壁纸刀”，也称“美工刀”。

壁纸刀

壁纸刀的结构

壁纸刀由刀柄、刀片、刀锁和挂架组成。

刀片位于刀柄两侧滑道内，通过刀锁的弹簧结构与刀柄内部的波浪形设计相结合。

壁纸刀的材质一般是SK2模具钢。SK2模具钢具有高强度、高耐磨、高韧性以及耐用性，切削加工性好。

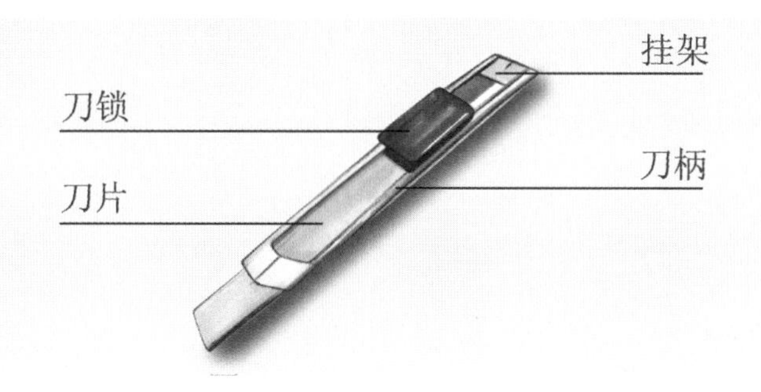

壁纸刀的原理1

当我们用壁纸刀切东西时，施加在刀背上的垂直于刀背的力F_1会分解为垂直于刀刃的两个分力F_2和F_3。事实上，我们之所以能够切断东西，就是因为力F_2和F_3的作用。因此，与其说“把东西切断了”，不如说是“把东西拉断了”。

根据平行四边形法则①，当F_1大小确定时(方向垂直于刀背)，刀片越薄，意味着$\angle \alpha$越小，F_1所产生的分力F_2和F_3就会越大，那么这个刀片就更容易将物体“拉断”，因此这个刀片就越锋利。

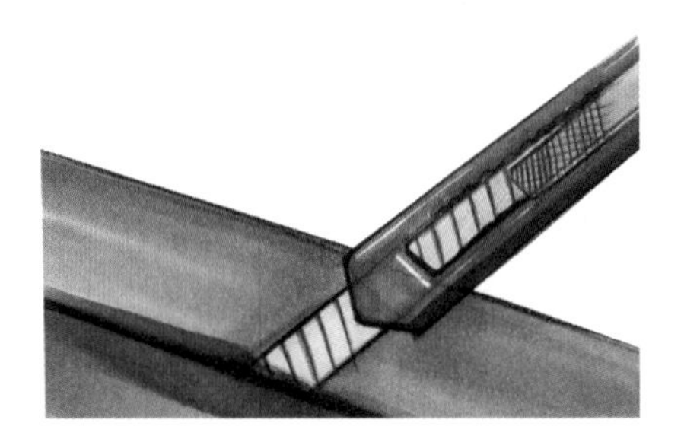

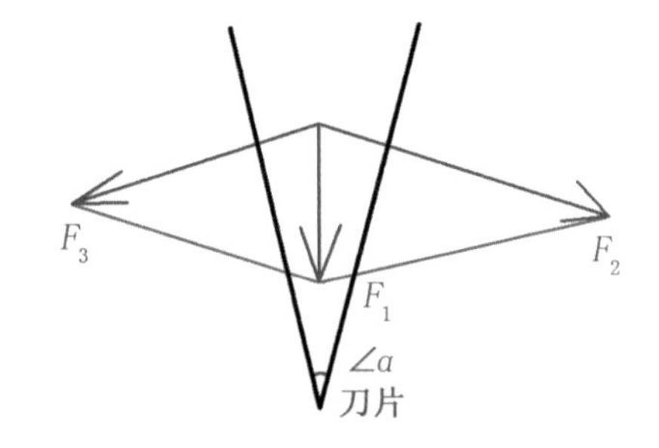

壁纸刀的原理2

锋利的刀片与被接触物体的接触面积小，压强②大，容易压入物体，这样就会切开物品。

刀片的锋利与否，还取决于一个很重要的因素，就是刀面的光滑程度。所以我们磨刀的目的，不仅仅是把刀刃磨薄，还要把刀磨亮，减少刀片与切割物体的摩擦力和表面的吸附力。

①平行四边形法则：两个力合成时，以表示这两个力的线段为邻边作平行四边形，这个平行四边形的对角线就表示合力的大小和方向。

②压强：物体所受压力的大小与受力面积之比。压强用来衡量压力产生的效果，压强越大，压力的作用效果越明显。

思考·Consider
应用·Application

同学们，想一想，在我们日常生活中，什么时候会用到壁纸刀呢？

手工制作　　切割装修壁纸

分析·Analyze
组成·Components

同学们，让我们在做万花筒前，先分析一下它的结构吧！

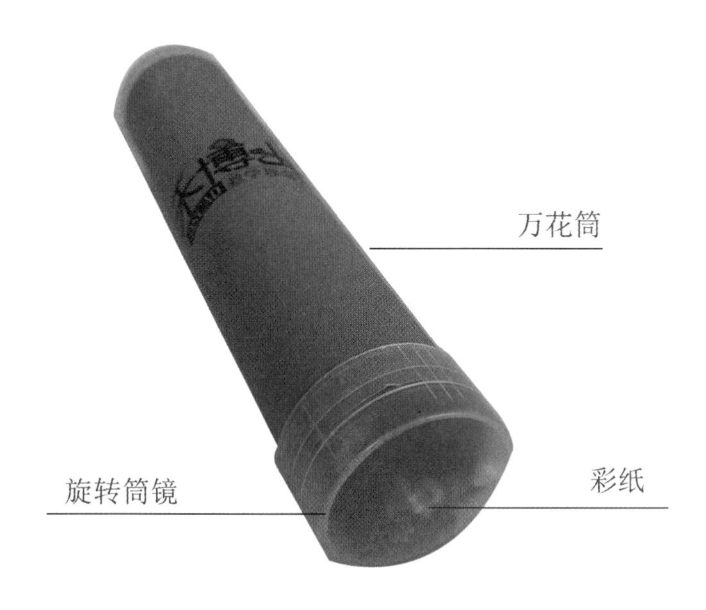

设计·Design 创造·Creation

同学们，让我们一起用壁纸刀来制作一个万花筒吧！

拓展·Expansion 提高·Improve

同学们，请开拓你们的思维，想一想万花筒中千变万化的图案是怎么形成的呢？

自我评价
Self-evaluation

认识：______________________________

____

收获：______________________________

____

拓展小知识

壁纸刀的刀片都是一节一节的，使用一段时间之后，壁纸刀就会变钝，我们使用钳子将一段刀片掰掉，壁纸刀就会恢复锋利的刀片了。

当壁纸刀最后一节刀片变钝的时候，我们可以用手按住壁纸刀尾部的凸起按钮向外拉开，刀片就会露出来。然后把旧刀片拿出来，就可以换上新刀片了。

换新刀片时要把刀片尾部的圆孔与放刀片槽里的一块小圆头套在一起，然后再推上塑料按钮固定即可。

12 万用表

发现·Discover 问题·Problem

什么是万用表呢？

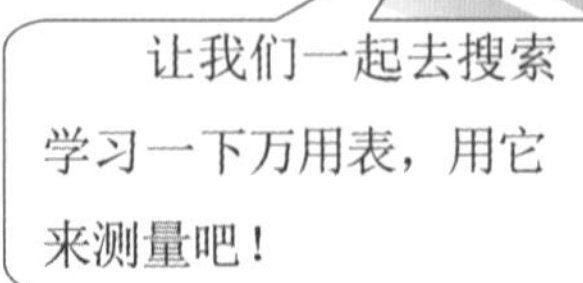

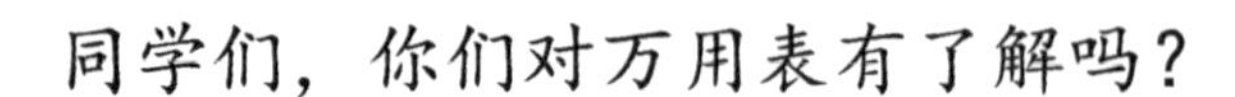

搜索·Search 答案·Answer

定义

万用表：一种可以测量电流、电压、电阻、电容、二极管、三极管、通断测试等多种电学参量①的测量仪表。

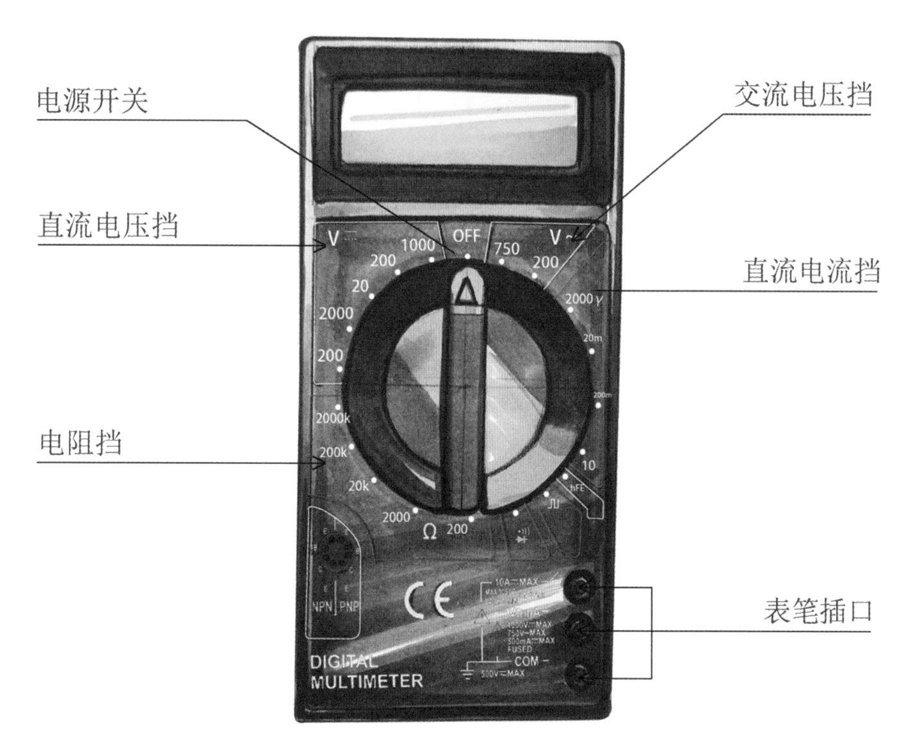

万用表的结构

万用表的组成

万用表：由表身和表笔组成，红色的表笔代表正极，黑色的表笔代表负极；表身包括表头（即屏幕）、转换旋钮、表笔插口等部位。

①参量：物理学专业名词。

电学小知识

玻璃棒在丝绸上摩擦之后，可以吸引起细小的纸屑，此时在玻璃棒顶端产生了正电荷。

电荷的定向移动形成电流。我们将正电荷移动的方向作为电流的方向。

抽水机 —提供→ **水压** —形成→ **水流**

电　源 —提供→ **电压** —形成→ **电流**

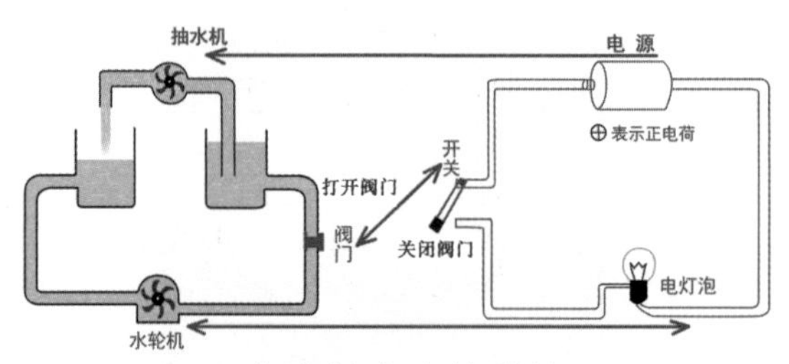

电流与水流的类比

电荷在导体①中移动就像管道中的水流一样。水往低处流是由于水流高低差的作用，电荷也会由于电势差②从高电压的一端移动到低电压的一端，从而形成电流。

当水在管道中流动时，管壁之间会产生摩擦力而阻碍水流的运动。电荷也是如此：电荷在导体中移动也会受到导体本身的阻碍，我们称之为电阻。不同材料的导体产生的电阻也不相同。

提高知识：

交流电： 电流方向随时间做周期性变化的电流。

直流电： 电流的方向和大小都不会改变的电流。

①导体：可以导电的物体，如金属、人体、大地等。

②电势差：电压，即电荷由于电势不同所产生的能量差。

万用表的常用挡位

电阻挡：刻度盘标有“Ω”，用来测量电阻值的大小或线路通断，量程[1]有200 Ω、2 kΩ、20 kΩ、200 kΩ、2 000 kΩ。

直流电压挡：刻度盘标有“V-”，用来测量直流电压，量程有200 mV、2 V、20 V、200 V、1 000 V。

交流电压挡：刻度盘标有“V～”，用来测量交流电压，量程有200 mV、2 V、20 V、 200 V、750 V。

直流电流挡：刻度盘标有“A-”，用来测量直流电流，量程有20 mA、200 mA、20 A。

交流电流挡：刻度盘标有“A～”，用来测量交流电流，量程有20 mA、200 mA、2 A、20 A。

万用表使用注意事项

（1）使用万用表时，首先选择正确的功能和量程，禁止输入超过量程的极限值。

（2）36 V以下的电压为安全电压，在测量高于36 V直流、25 V交流电压时，要检查表笔是否可靠接触、是否正确连接、是否绝缘良好等，以避免电击。

（3）换功能和量程时，表笔应离开测试点。

（4）测量电阻时必须切断被测物体的电源。

（5）如果屏幕显示“1”，表明已经超过量程范围，必须将量程开关转至较高挡位上。

①量程：度量工具的测量范围，其值由度量工具的最小值和最大值决定。

万用表测量电流

（1）将黑表笔插入“COM”插口，将红表笔依据被测电路中电流大小选择插入“10 A”插口或“500 mA”插口。

（2）转换旋钮依据电路类型选择交流电流挡或直流电流挡。

（3）测量前，对电路中电流进行估计，尽量选择接近的量程，若不知道被测电路的电流大小，可从最大量程开始，依次递减直到合适量程。

（4）将仪表上的表笔串联①接入被测电路中。

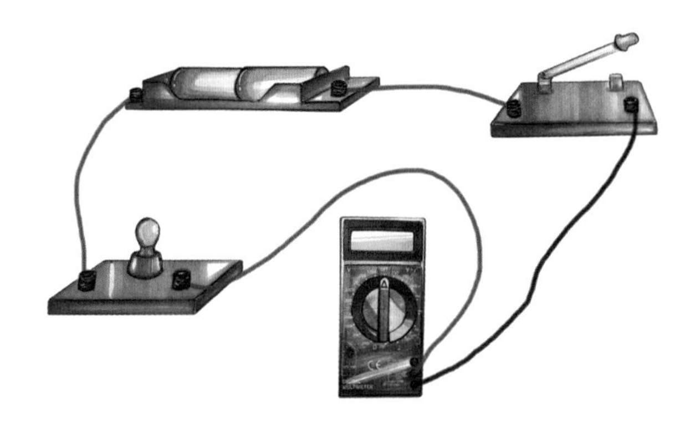

万用表串联测电流

万用表测量电压

（1）将黑表笔插入“COM”插孔，将红表笔插入“V/Ω”插孔。

（2）转换旋钮依据电路类型选择交流电压挡或直流电压挡。

（3）测量前，对电路中电压进行估计，尽量选择接近的量程，若不知道被测电路电压大小，可从最大量程开始，依次递减，直到合适量程。

（4）将仪表上的表笔并联②接入被测电路中。

①串联：在电路中电器首尾依次相连的连接方式。

②并联：在电路中电器两端相连的连接方式。

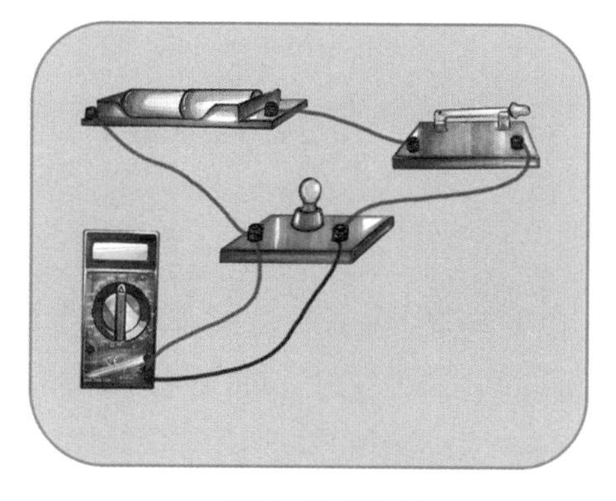

万用表并联测电压

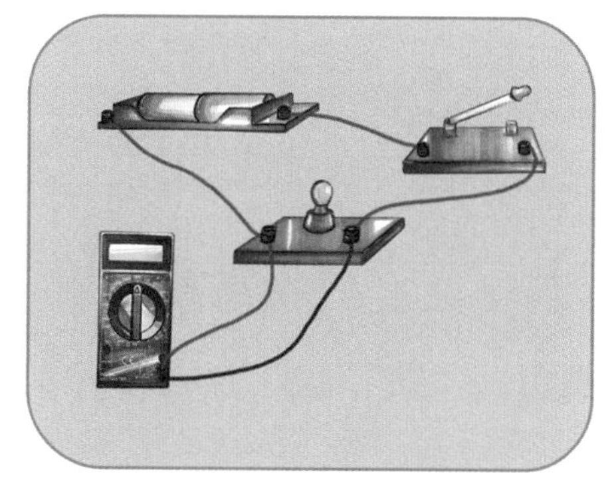

万用表并联测电阻

万用表测量电阻

（1）将黑表笔插入“COM”插孔，将红表笔插入“V/Ω”插孔。

（2）转换旋钮选择至电阻挡。

（3）测量前，对电路中电阻进行估计，尽量选择接近的量程，若不知道被测电阻大小，可从最大量程开始，依次递减，直到合适量程。

（4）将仪表上的表笔并联接入被测电路中。

（5）测量电阻时必须切断被测物体的电源。

思考·Consider 应用·Application

同学们，想一想，在我们日常生活中，什么时候会用到万用表呢？

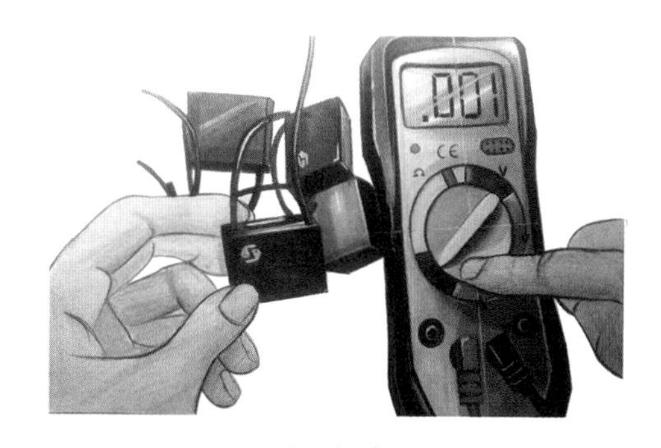

测电容

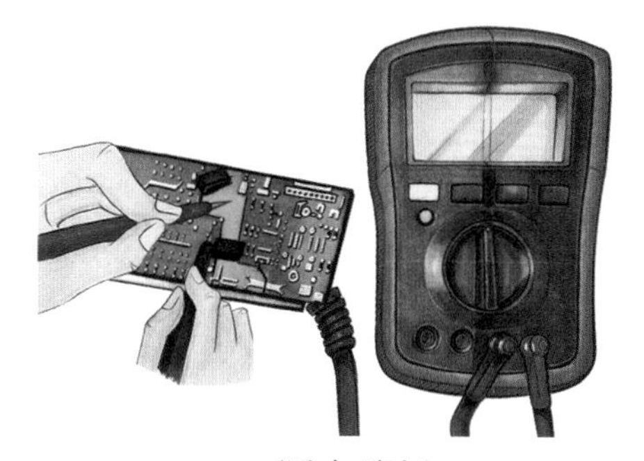

测电路板

分析 · Analyze
组成 · Components

同学们，让我们一起来设计一个手电筒，并用万用表测量吧！

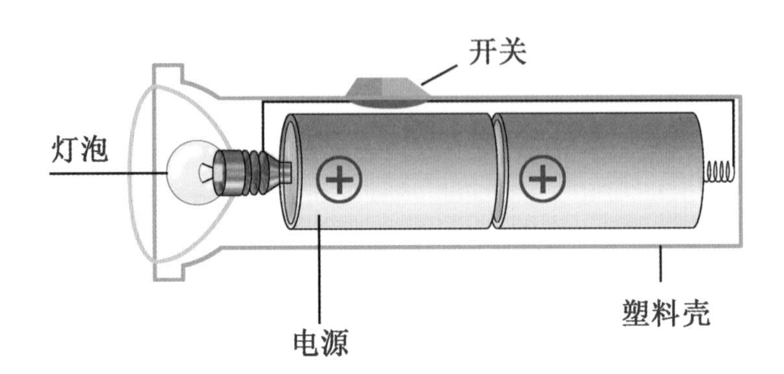

设计 · Design
创造 · Creation

同学们，让我们一起来设计一个手电筒吧！

拓展 · Expansion
提高 · Improve

同学们，请开拓你们的思维，尝试一下万用表的其他功能吧！

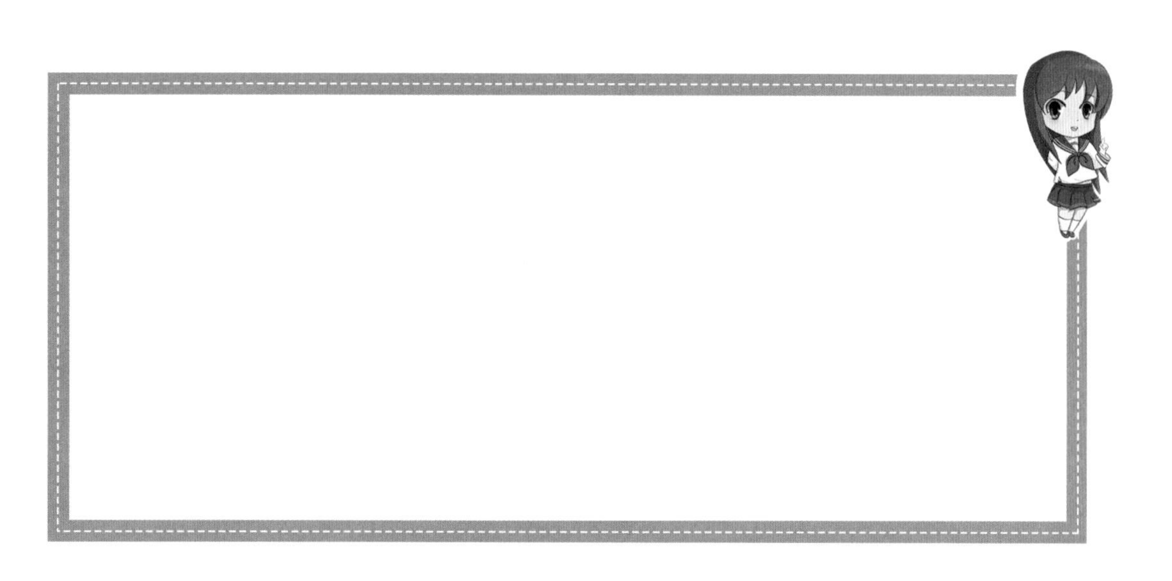

自我评价 Self-evaluation

认识：

收获：

13 刻刀

发现·Discover 问题·Problem

小禾，你看这件木板雕刻作品，你知道它是怎么被做出来的吗？

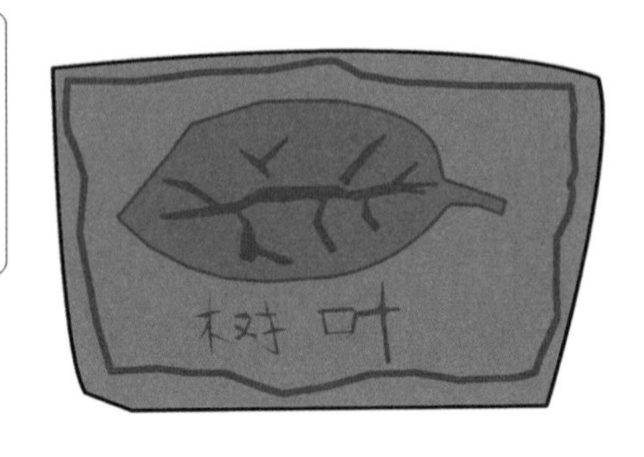

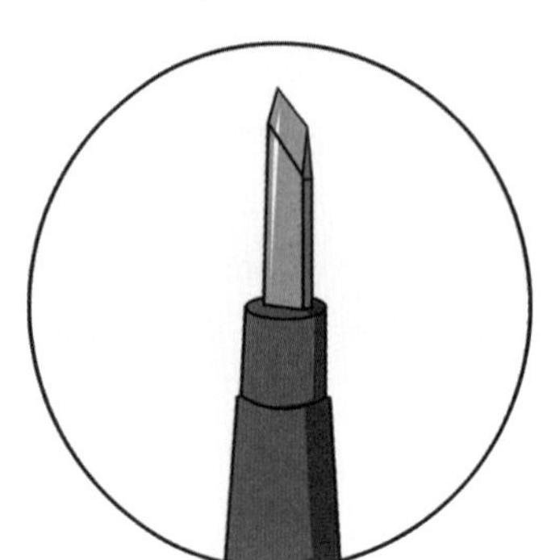

这是在木板上用刻刀雕刻出来的；使用刻刀可以做出更多的作品。

让我们一起去搜索学习一下刻刀，制作自己的作品吧！

同学们，你们对刻刀有了解吗？

搜索 · Search 答案 · Answer

刻刀的定义

刻刀：由尖端钢材、尾部木柄组成，一般指用于雕刻①、剪纸②等艺术品的特质刀具。

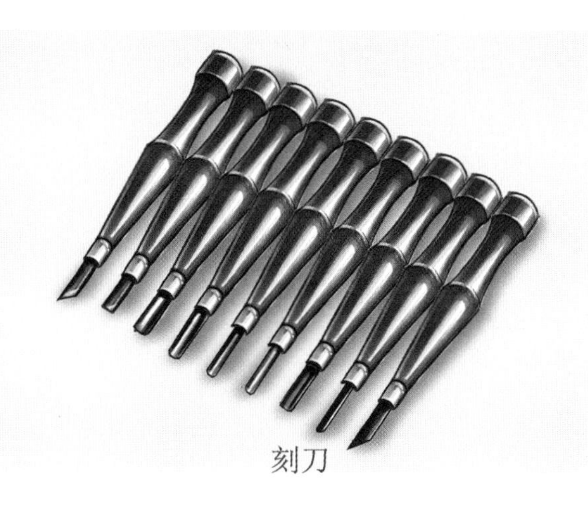

刻刀

刻刀的分类

刻刀按照刀头的形状分为平刀、圆刀、斜口刀、刮刀等种类。刀型不同、发力的角度不同，就会产生不同的刀痕，因此带来的点、线、面、体上的变化也不一样。

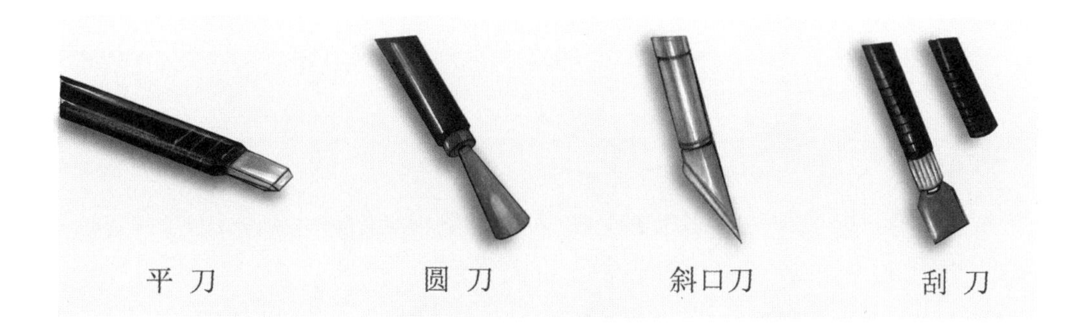

平 刀　　圆 刀　　斜口刀　　刮 刀

① 雕刻：把木材、石头或其他材料切割或雕刻成预期的形状。
② 剪纸：一种用剪刀或刻刀在纸上剪刻花纹，用于装点生活或配合民俗活动的民间艺术。

橡皮章的定义

橡皮章（特指DIY手刻橡皮印章），是使用小型雕刻刀具在专用于刻章的橡皮砖（与普通橡皮擦不同）上进行阴刻①或阳刻②，制作出可反复盖印的图案的一种休闲手作形式。

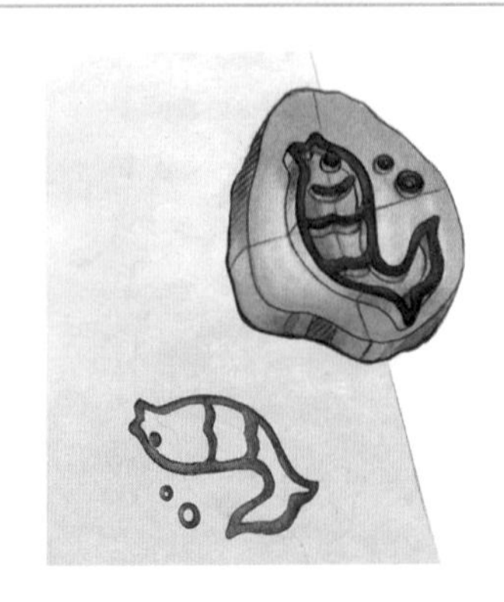

雕刻技巧说明

刻刀持握方式：主要有笔持式和刀持式两种。

笔持式：以握铅笔的方式握住刻刀，用食指下压刻刀，同时拉动刀刃在木料或橡皮上滑动，主要用于雕刻线条。

刀持式：用拇指抵在木料一端，然后通过收紧手掌的动作，使工具朝向拇指方向前进，主要用于草拟轮廓。

下刀：建议成45°向外推，有转弯的地方尽量转橡皮，否则转刀线条容易歪斜。

线条：一般可以从粗线条开始，慢慢练习，然后再刻细线条。

留白：没有印在纸上的空白部分。可用刻刀一层层地割掉需要留白的部分，或者是割出特定的图案。

① 阴刻：将图案或文字刻成凹形，是我国传统刻字的两种基本刻制方法之一，是一种独特的雕刻方式。

② 阳刻：将笔画显示平面物体之下的立体线条刻出。

思考 · Consider
应用 · Application

同学们，想一想，在我们日常生活中，什么时候会用到刻刀呢？

木雕

石雕

分析 · Analyze
组成 · Components

同学们，请分析一下，橡皮章主要是由哪些部分组成的呢？

设计·Design 创造·Creation

同学们，让我们一起利用所学的工具来制作一个橡皮章吧！

拓展·Expansion 提高·Improve

同学们，请开拓你们的思维，发挥想象力，将知识无限扩展，用刻刀制作一个窗花吧！

自我评价
Self-evaluation

认识：________________________________

____

收获：________________________________

____

用外力进行分隔物质时的难易程度被称为硬度，一般以摩氏硬度计来表示。

摩氏硬度计即选定10种矿物原石，来代表10级硬度。这10种矿物硬度为滑石1度、石膏2度、方解石3度、萤石4度、磷灰石5度、正长石6度、石英7度、黄玉8度、刚玉9度、金刚石10度。

一般能在纸上划痕的，相当于摩氏1度；指甲硬度约为摩氏2.5度；钢铁硬度为5.5～6度；玻璃为7度等。

14 热风枪、镊子

发现·Discover 问题·Problem

同学们，你们知道什么是热风枪吗？

搜索・Search 答案・Answer

定义

热风枪：利用发热电阻丝①的枪芯吹出的热风来对元件进行焊接与摘取元件的工具。

镊子：用于夹取块状药品、金属颗粒、毛发、细刺及其他细小东西的一种工具。

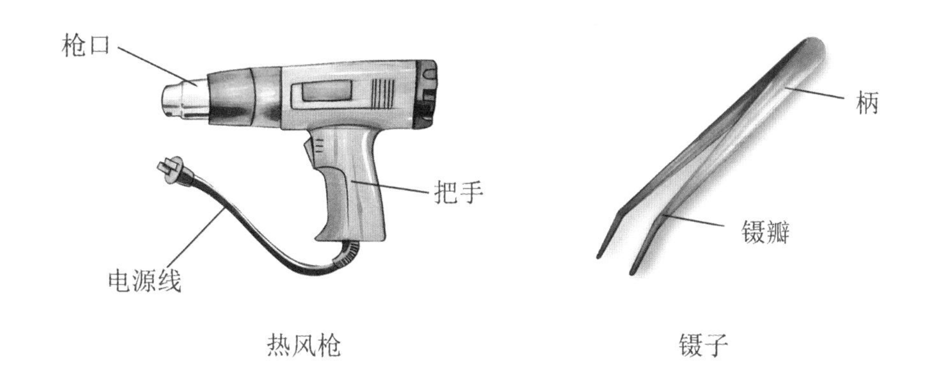

热风枪　　镊子

热风枪的种类

热风枪主要有普通型、数字温度显示型（简称数显型）、高温型等。

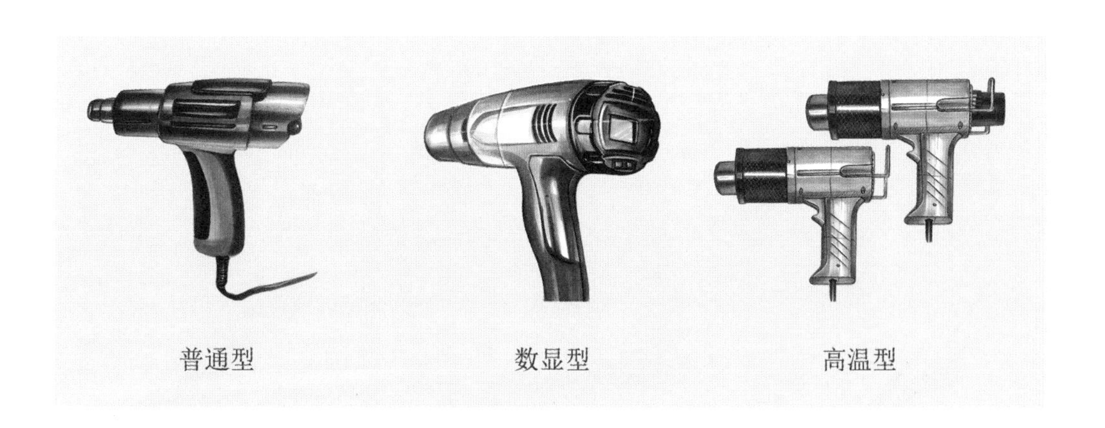

普通型　　数显型　　高温型

① 发热电阻丝：一种铁铬铝合金或者镍铬合金的丝状物体，主要用于加热设备和器具。

使用热风枪的注意事项

（1）不要将热风枪与化学类(塑料类)的刮刀一起使用。

（2）使用热风枪后将喷嘴或刮刀的干油漆清除掉，以免着火。

（3）在通风良好的地方使用热风枪，因为有些材料在高温下会挥发出有毒气体。

（4）不要将热风枪当作吹风机使用。

（5）不要直接将热风对着人或动物吹。

（6）在热风枪使用时或刚使用过后，不要触碰喷嘴，同时热风枪的把手必须保持干燥、干净且远离油品或瓦斯等易燃物。

（7）热风枪要完全冷却后才能存放。

（8）在不同的场合，对热风枪的温度和风量等有特殊要求，温度过低会造成元件虚焊，温度过高会损坏元件及线路板，风量过大会吹跑小元件。

镊子的种类

一般使用的镊子有三种：

① 尖头镊子，不易磁化，可用来夹持小元器件。

② 平头镊子，硬度较大，除了用来夹持元器件管脚外，还可以辅助加工元器件引脚，做简单的成形工作。

③弯头镊子，可以方便地夹取侧面的物质，也可用于夹取毛发、细刺及其他细小的东西。

尖头镊子

平头镊子

弯头镊子

思考 · Consider
应用 · Application

同学们，请想一想，在我们日常生活中，什么时候会用到热风枪、镊子呢？

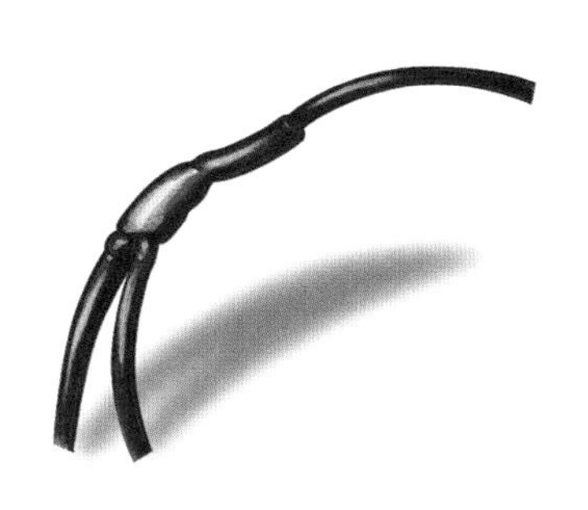

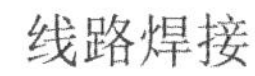
线路焊接

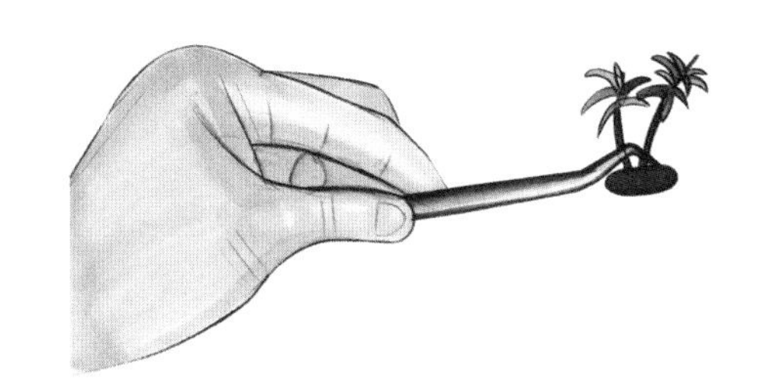

夹取模型

分析 · Analyze
组成 · Components

同学们，请分析一下，小禾钥匙扣主要是由哪些部分组成的呢？

设计·Design 创造·Creation

同学们，让我们一起利用所学的工具来设计钥匙链吧！

拓展·Expansion 提高·Improve

同学们，请开拓你们的思维，搜索一下为什么热缩片受热后会收缩？

自我评价 Self-evaluation

认识：________________________________

____

收获：________________________________

____

拓展小知识

热风枪控制电路的主体部分应包括温度信号放大电路、比较电路、可控硅控制电路、传感器、风控电路等。

为了提高电路的整体性能，还应设置一些辅助电路，如温度显示电路、关机延时电路和过零检测电路。设置温度显示电路是为了便于调温。温度显示电路显示的温度为电路的实际温度，工人在操作过程中可以依照显示屏上显示的温度来手动调节温度。

15 压线钳

发现·Discover 问题·Problem

同学们，你们知道什么是压线钳吗？

搜索·Search 答案·Answer

定义

压线钳：又称驳线钳，是用来压制水晶头[①]和接线端子[②]的一种工具。

压线钳

常见压线钳

常见的压线钳有：网线压线钳、液压压线钳、气动压线钳、端子压线钳、分体式压线钳等。

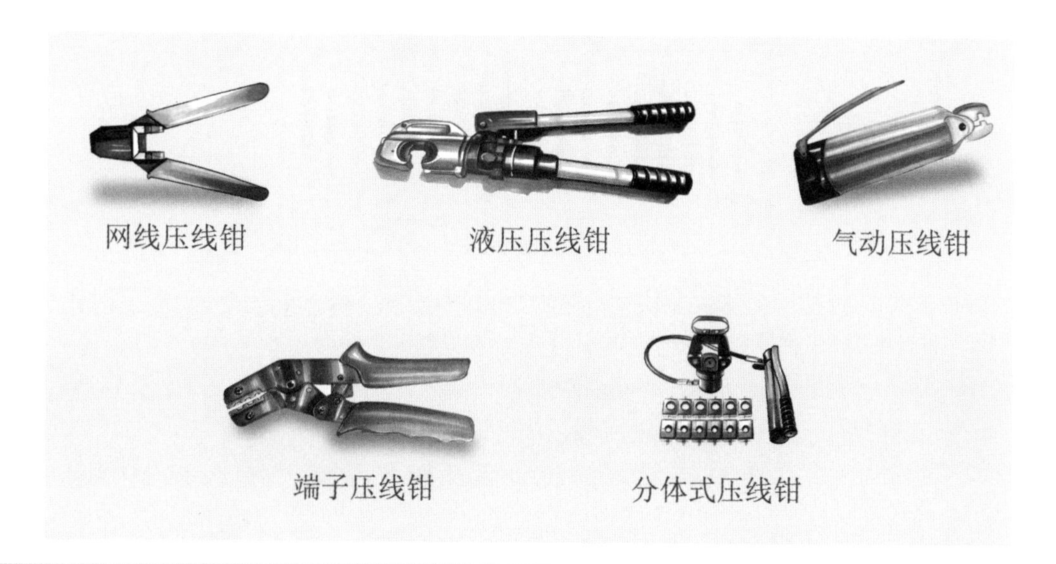

① 水晶头：一种标准化的电信网络接口，提供声音和数据传输的接口。
② 接线端子：接线终端，又叫端子。接线端子分单孔、双孔、插口、挂钩等形式，按材料分又有铜镀银、铜镀锌、铜、铝、铁等多种类型。它们的作用主要是传递电信号或导电。

工作原理

压线钳：通过杠杆原理对导线和压接端子施加压力，当施加足够压力时，端子与导线的两种基体金属紧密接触。

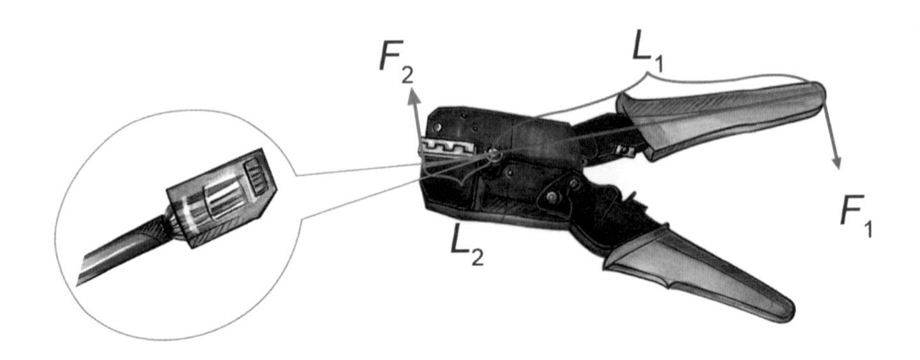

$$F_1 \times L_1 = F_2 \times L_2$$

网线制作方法

在日常生活中，我们常用压线钳来制作网线。网线接口的制作有两种标准（如图所示）：

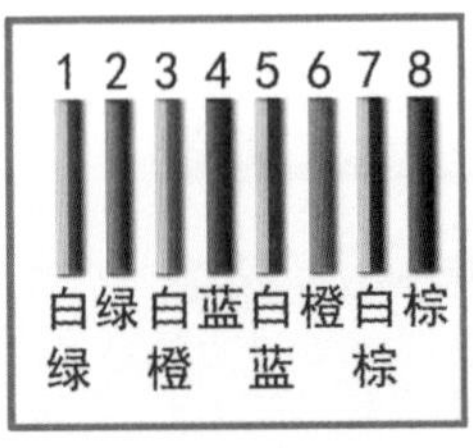

568A

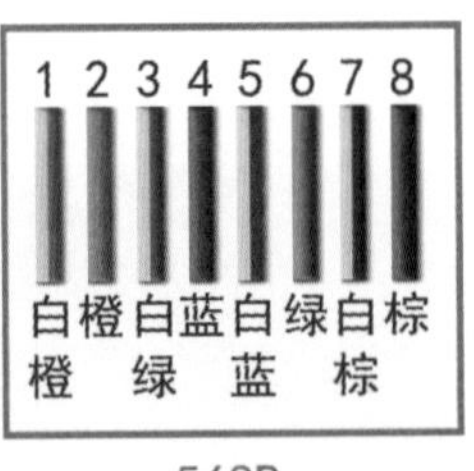

568B

网线的接法按功能一般分为两种：平行线法和交叉线法。

平行线法：使用计算机连接路由器时，网线两端采用同样的标准（即两端都为568A或568B）。

交叉线法：使用计算机连接计算机时，网线采用一端568A，另一端568B的接线方式。

注意：由双绞线制成的网线，信号传输距离不能超过100 m。

思考·Consider
应用·Application

同学们，想一想，在我们日常生活中，什么时候会用到压线钳呢？

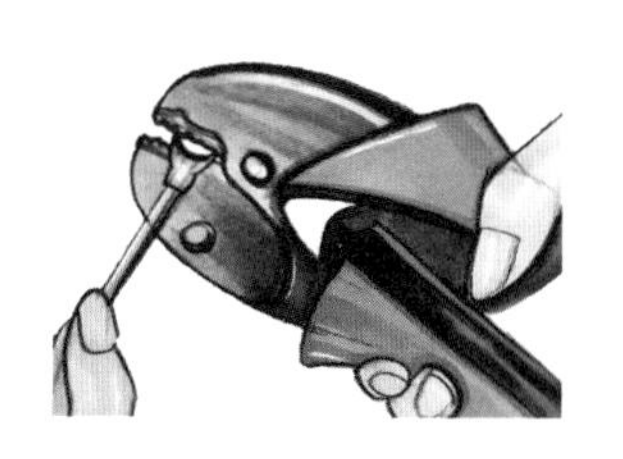
压制动力线①

压制控制线②

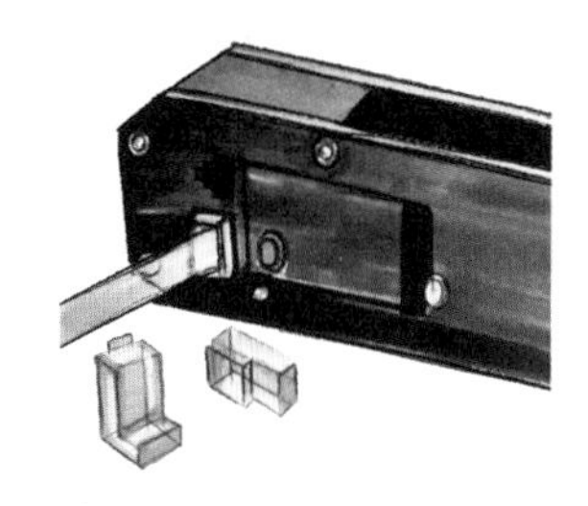
压制网线、电话线

分析·Analyze
组成·Components

同学们，请分析一下，紫外线灯主要是由哪些部分组成的呢？

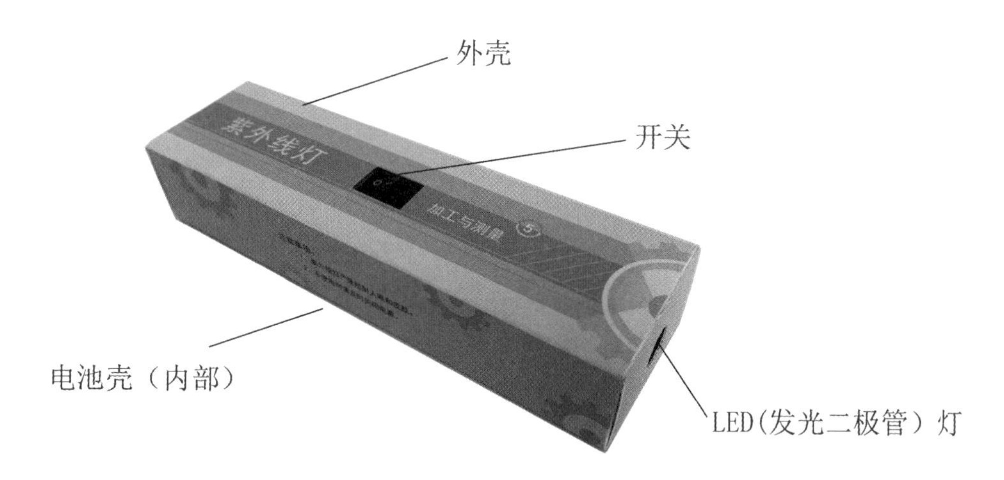

① 动力线：也称电源线，主要用于工业电器，如电动机、电焊机等，一般线路电流较大，导线较粗。
② 控制线：用于传递控制线号的导线，一般线路电流较小，导线较细。

设计·Design 创造·Creation

同学们，让我们一起来设计一个紫外线灯吧！

拓展·Expansion 提高·Improve

同学们，请开拓你们的思维，想一想怎样才能远距离（大于100 m）传输网络信号？

自我评价 Self-evaluation

认识：____

____

收获：____

____

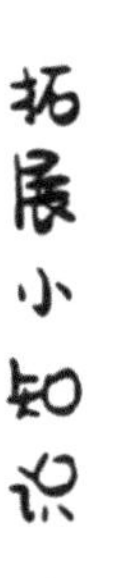

互联网的由来

网络最初是为了实现军事用途而诞生的。冷战时期，美国认为如果指挥中心遭到敌人攻击，那么整个国防系统就会瘫痪。为此，他们计划建立多个指挥系统，这些指挥系统之间可以共享数据，这样一来，就算其中的几个被摧毁，其余的指挥系统仍能正常工作。

在这个设想的基础上，美国将西部4所大学的主要计算机连接起来，建成了世界上第一个网络——阿帕网。后来随着技术的不断发展，接入网络的计算机越来越多，网络技术也逐渐从军方独占变成了世界共享。

人们将网络与网络，按照一定的协议联系起来，组成了一个庞大的网络，这就是今天人们使用的互联网。

16　电烙铁

发现·Discover 问题·Problem

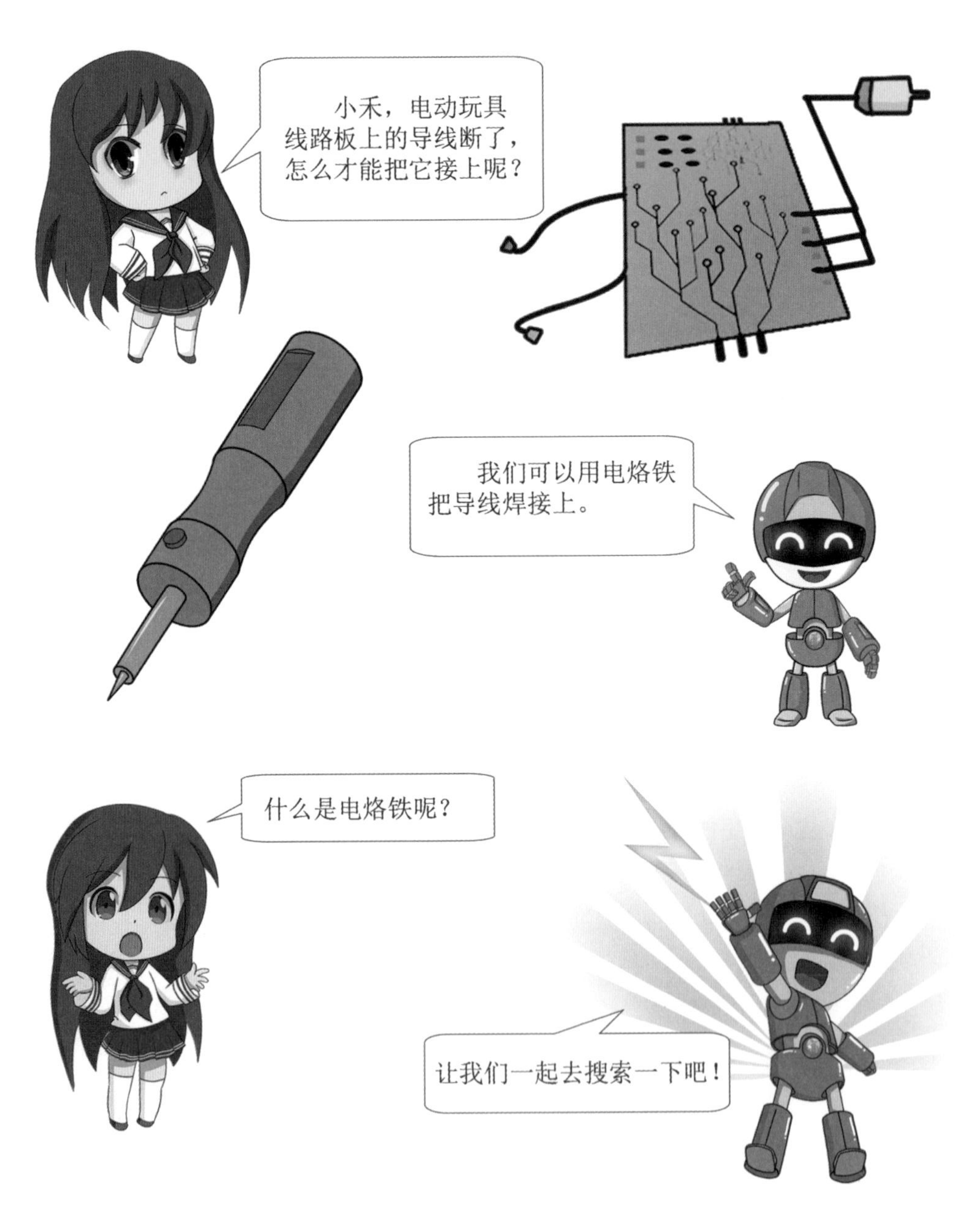

同学们，你们知道什么是电烙铁吗？

搜索 · Search 答案 · Answer

定义

电烙铁：电子制作和电器维修的必备工具，其主要用途是焊接元件及导线。

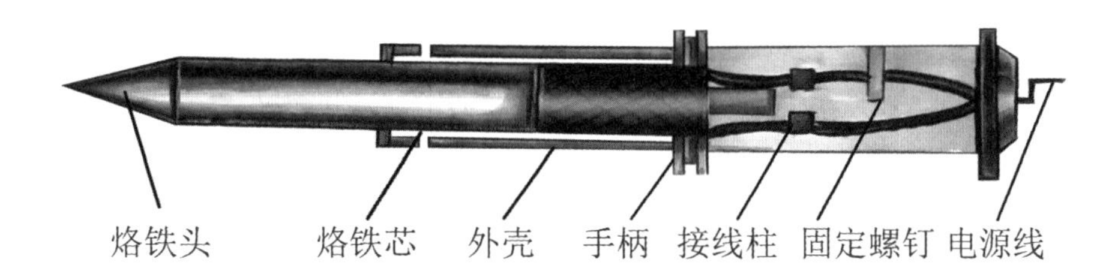

电烙铁的结构

电烙铁的种类

电烙铁按机械结构可分为内热式电烙铁和外热式电烙铁，根据用途不同又分为大功率[①]电烙铁和小功率电烙铁。

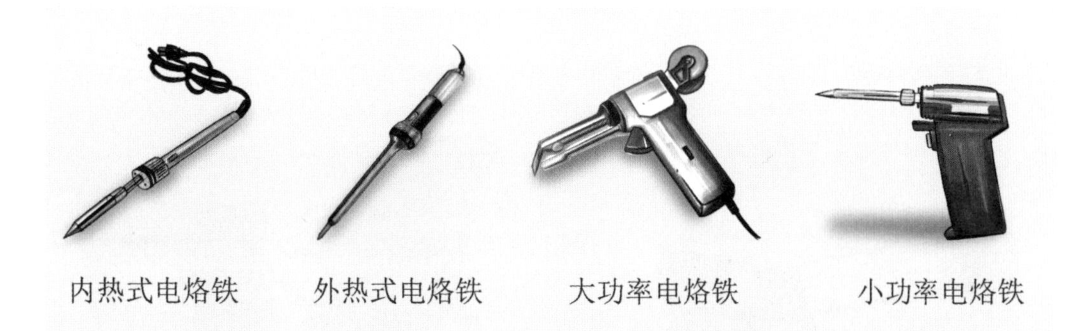

内热式电烙铁　外热式电烙铁　大功率电烙铁　小功率电烙铁

① 功率：物体在单位时间内所做的功的多少。

电烙铁的工作原理

电烙铁的工作原理简单地说就是一个电热丝在电能的作用下，发热、传热和散热的过程。接通电源后，热量优先传给烙铁头，使其温度上升，再由烙铁头的表面向周围环境中散发。

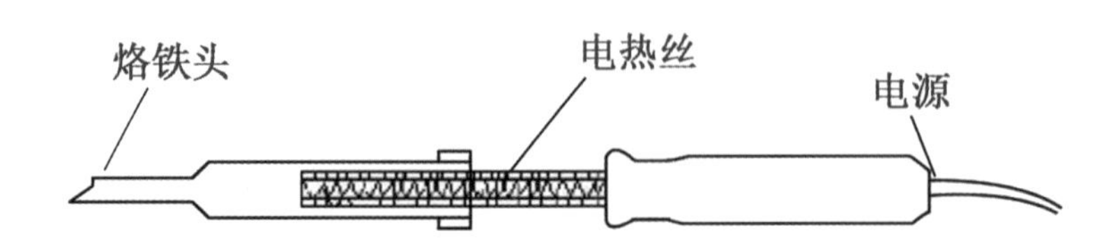

电烙铁工作原理

注意

（1）首先在焊接之前确保所有零件和连接部位是干净的。

（2）确保元件完全插入电路板上的焊孔，元件的管脚留得太长极易碰到电路板上其他裸露部分，形成短路。

（3）焊接工作完成以后，当工具冷却至少10 min再进行收纳整理。

思考・Consider 应用・Application

同学们，请想一想，在我们日常生活中，什么时候会用到电烙铁？

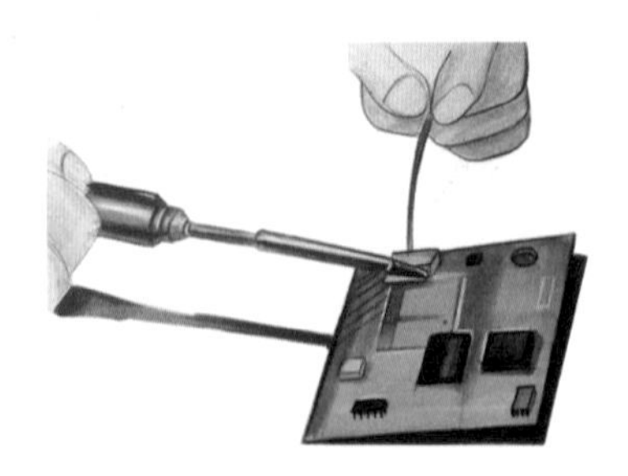

焊接电路板

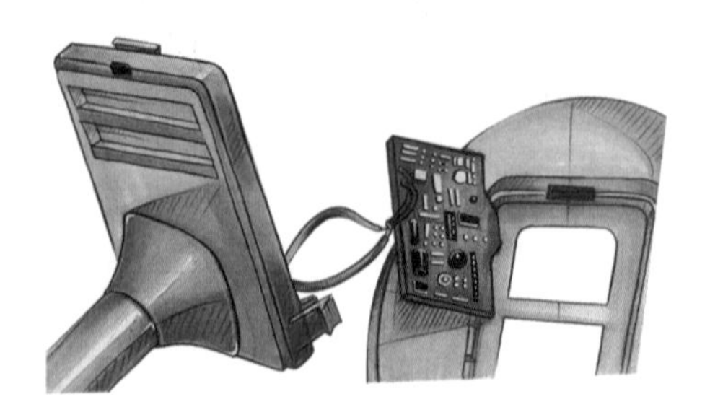

修理电风扇

分析 · Analyze
组成 · Components

同学们，请分析一下，LED展示牌主要是由哪些部分组成的呢？

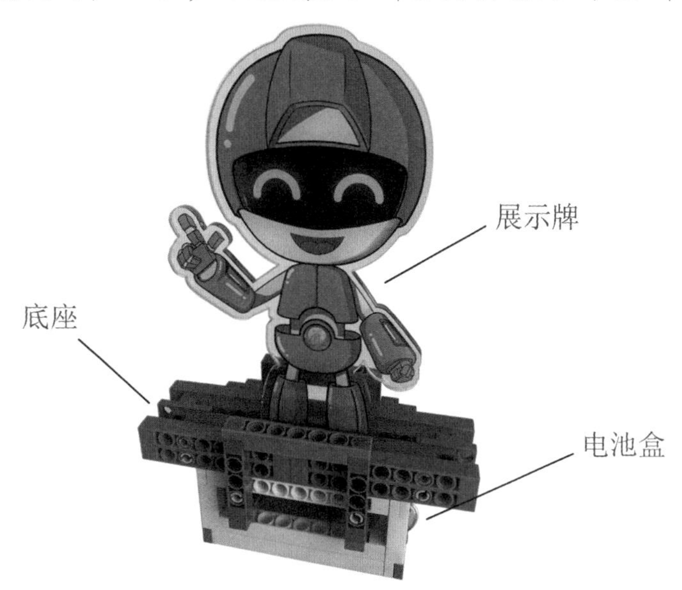

设计 · Design
创造 · Creation

同学们，让我们一起利用电烙铁来制作一个LED展示牌吧！

拓展·Expansion 提高·Improve

同学们，请开拓你们的思维，想一想为什么LED灯电源正负极接反后就不亮了呢？

自我评价 Self-evaluation

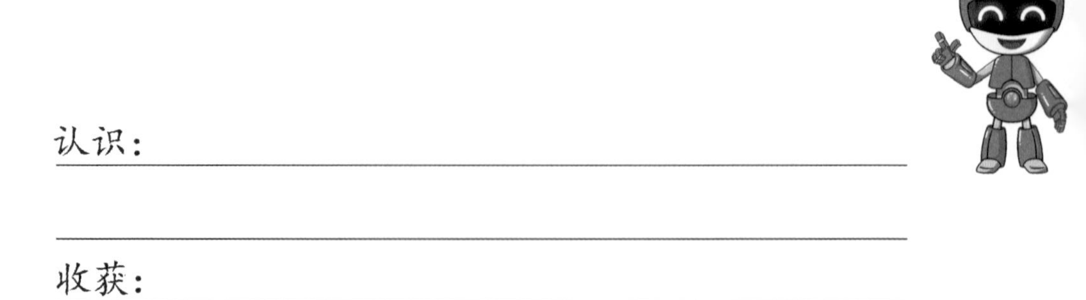

认识：____

____

收获：____

____

17 测电笔

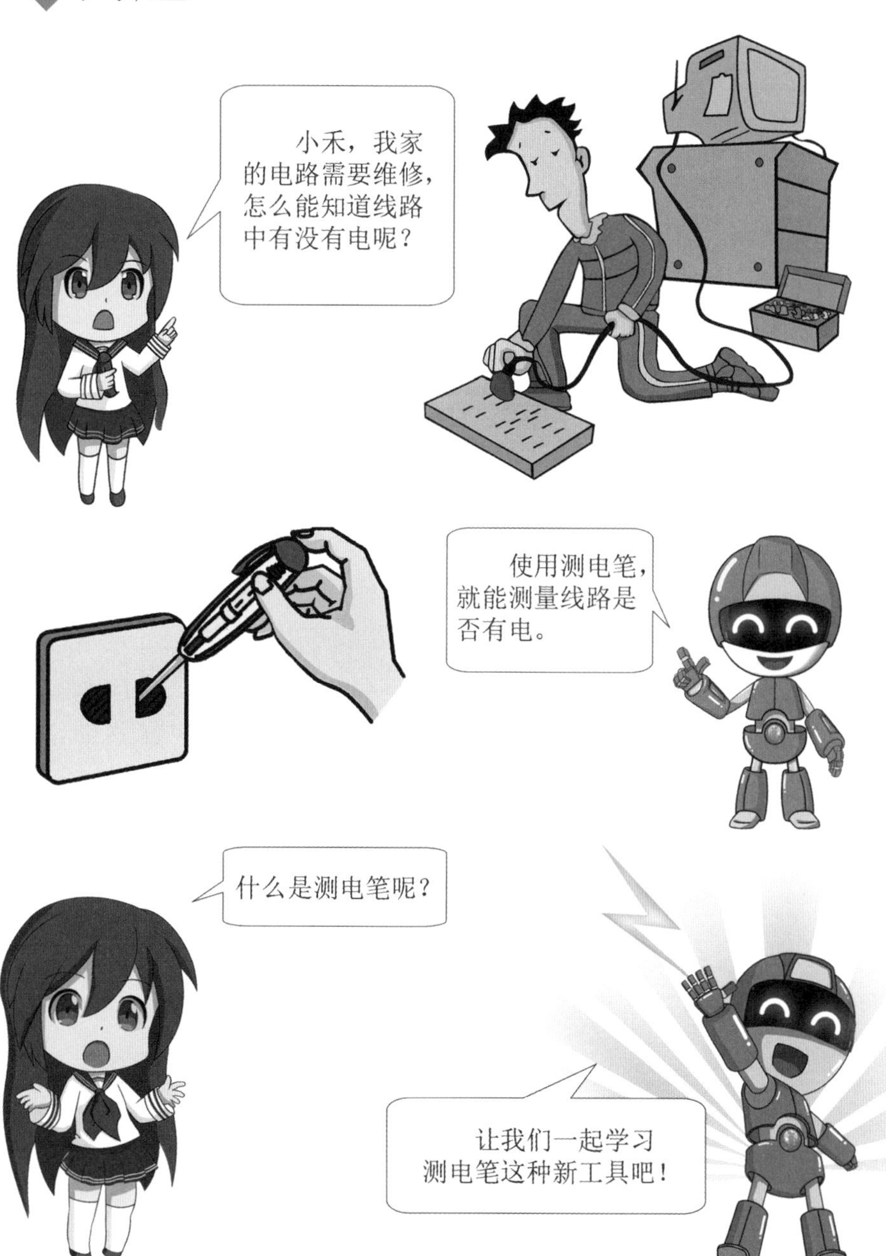

同学们，你们对测电笔有了解吗？

定义

测电笔：一种用来测量电线中是否带电的电工工具。

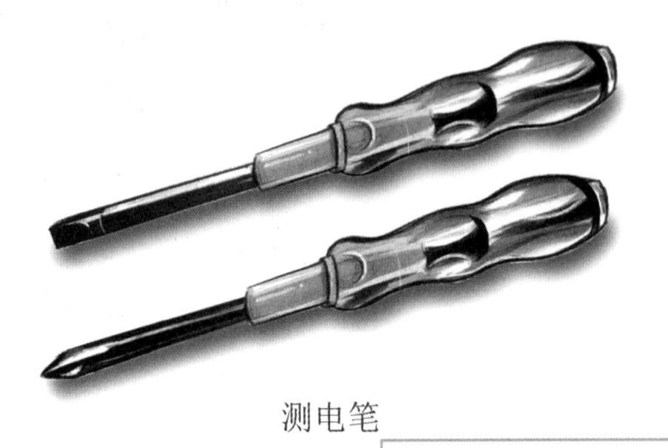

测电笔

测电笔的分类及结构

测电笔按照接触方式分为接触式测电笔和感应式测电笔。

接触式测电笔的金属触头触碰线芯，然后人体手指接触后部的金属笔帽形成通路，通过观察氖管是否发光来判断线路是否带电。

感应式测电笔，将笔尖靠近电源附近，就可以发光或以声音指示。

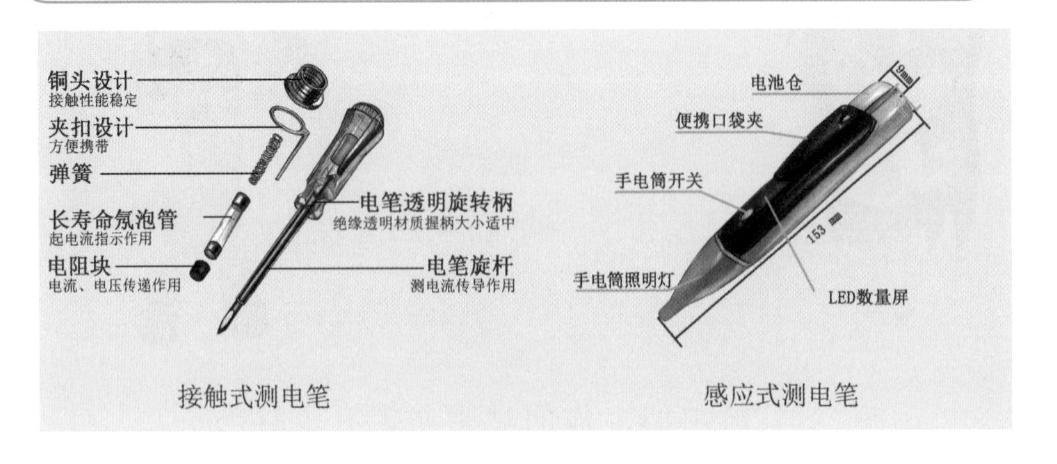

接触式测电笔　　感应式测电笔

测电笔的原理

接触式测电笔的氖泡管内部充满氖气[①]，在电场的作用下可以发光。导线与测电笔、人体、大地形成闭合电路，电流通过氖泡管，以检验电路是否有电。

感应式测电笔是根据电磁感应现象的原理进行工作的，若被测电路存在电流，会产生磁场，电笔在磁场中生成微弱的电流，电笔内部的LED灯被点亮，从而测量出电路存在电流。

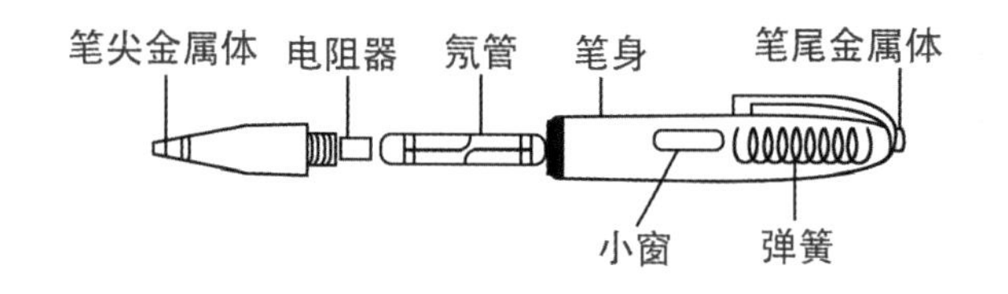

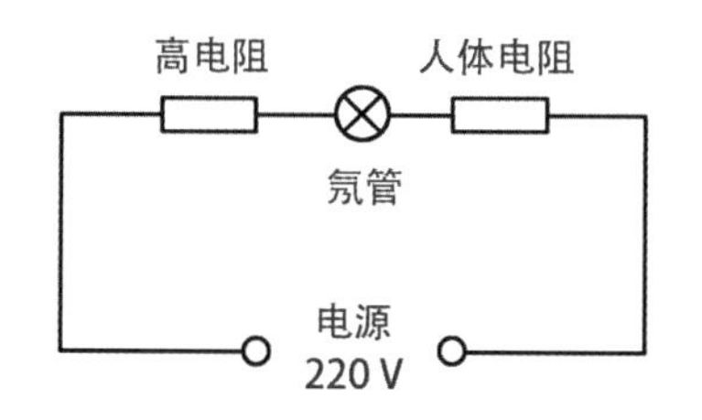

测电笔工作原理

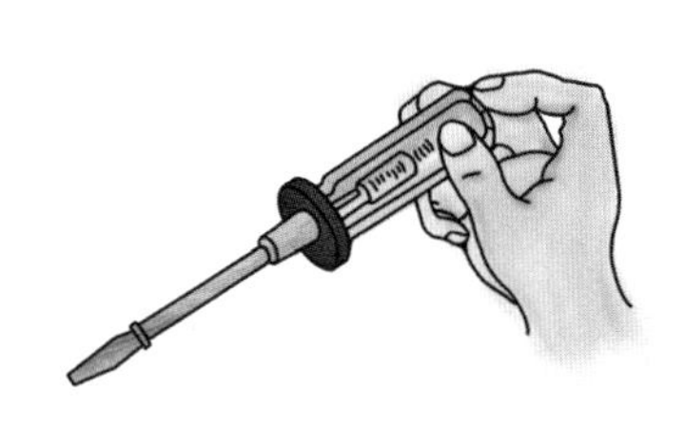

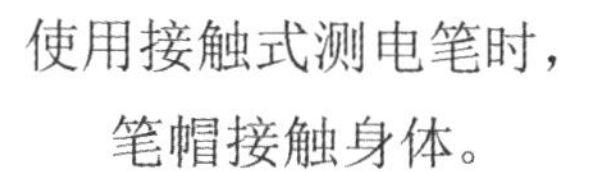

使用接触式测电笔时，笔帽接触身体。

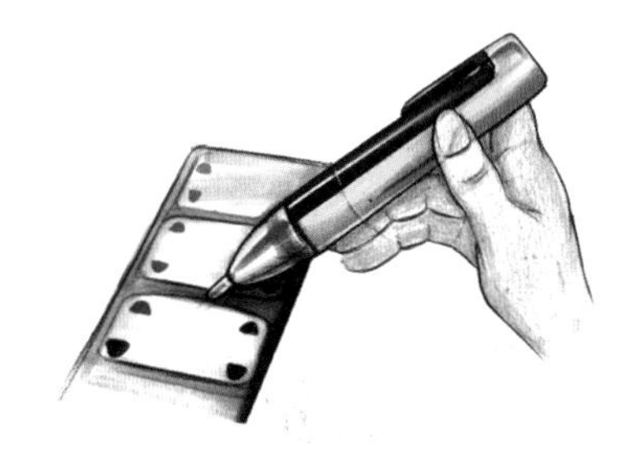

感应式测电笔靠近待测电路。

① 氖气：一种无色、无味、非易燃的稀有气体。

思考·Consider
应用·Application

同学们，想一想，在我们日常生活中，什么时候会用到测电笔呢？

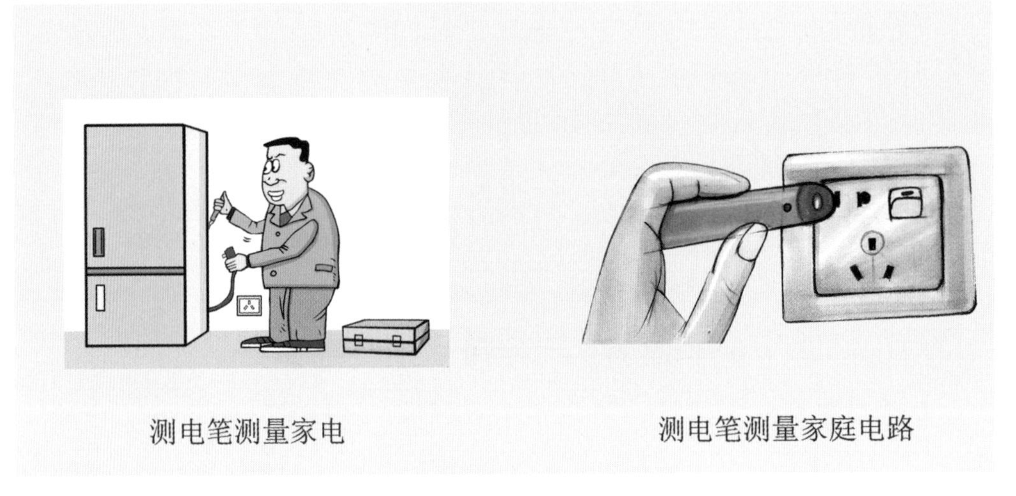

测电笔测量家电　　　　测电笔测量家庭电路

分析·Analyze
组成·Components

同学们，让我们动手做一个感应式测电笔。一起分析一下感应式测电笔的内部电路吧！

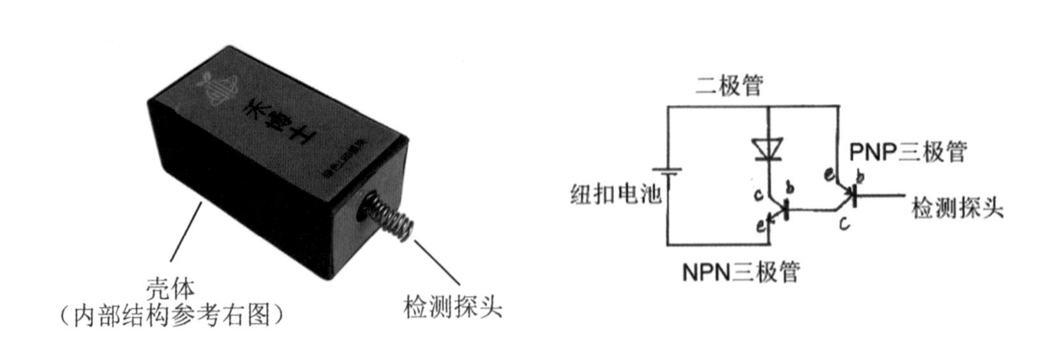

① 三极管：一种控制电流的半导体器件，其作用是把微弱信号放大成幅度值较大的电信号，也用作无触点开

设计 · Design 创造 · Creation

同学们，让我们一起来设计一个非接触式测电笔吧！

拓展 · Expansion 提高 · Improve

同学们，请开拓你们的思维，对比万用表和测电笔在测量物体是否带电方面的区别。

自我评价

Self-evaluation

认识：____

____

收获：____

____

拓展小知识

测电笔除了可以判断物体是否带电外，还有其他用途：

可以判别交流电和直流电：如果测电笔氖泡中的两极都发亮，就是交流电；如果只有其中一极发亮，就是直流电。

可以判别直流电的正负极：将测电笔接在直流电路中测试，氖泡发亮的一极就是负极，不发亮的一极是正极。

18 自由创作

小禾，我有一个问题想问你，当我们遇到一个不懂的问题时，应该用什么样的方法去解决它呢？

小新，其实你提出的这个问题许多小朋友都会遇到，让我们一起来寻找答案吧！

核心理念

DSCAD

1 发现问题 Discover Problem

2 搜索答案 Search Answer

3 思考应用 Consider Application

4 分析组成 Analyze Components

5 设计创造 Design Creation

噢，我明白了，在今后的实际生活中我会记住并应用这种方法，谢谢你小禾。

遇到问题时，我们要本着发现问题、搜索答案、思考应用、分析组成、设计创造这五步去应对，这就是我给你们的一把金钥匙。

设计 · Design 创造 · Creation

同学们，请在下面的图框中，展示你创作的作品吧！

自我评价 Self-evaluation

认识：______________________________

____

收获：______________________________

____

____